中国沙田柚
品质形成规律预报模型研究

Prediction Model of Quality Formation Law of
Shatian Pomelo in China

侯彦林 等 著

中国农业出版社
北 京

内容简介 NEIRONG JIANJIE

本书通过建模方法对中国现有的 3 个地标（广西容县、广东梅州、重庆长寿）、一个非地标（广西桂林）沙田柚可溶性固形物含量年型等级预测模型和广西容县沙田柚蜜味、香气等级预测模型进行了研究。通过 5 个案例的数据挖掘，获得了 4 个产地沙田柚可溶性固形物含量年型等级预测模型和广西容县沙田柚蜜味、香气等级预测模型，为沙田柚品质调控措施提供了科学依据，有利于沙田柚种植效益的稳定和提高。

本书包括沙田柚品质研究概况，广西容县、广东梅州、重庆长寿和广西桂林沙田柚可溶性固形物含量年型等级预测模型，沙田柚可溶性固形物含量年型等级预测模型综合研究，沙田柚蜜味和香气与产生物质关系研究概况等。

本书可供从事园艺学、农学、土壤学、植物营养学、生态学、地理学、农业信息学的科学工作者以及大专院校相关专业教师参考。

编　委　会

主　　编：侯彦林　张雪红　区燕丽　洪波文
副 主 编：刘书田　李德贵　贾书刚　李金梅　陆　伶
参编人员（按姓名笔画排序）：

王永壮　王铄今　韦　洋　韦　钰　韦　晨

韦赛仙　方世巧　邓占儒　邓国斌　吕璞良

朱艳梅　伍华远　刘启志　杜　潇　杨贻庆

李子涵　李建文　李　锋　何灵凌　陈　东

陈　松　陈曼松　罗云芳　罗祖汉　罗继丰

周世运　周红松　周省邦　侯显达　侯诺萍

饶　喆　姜　宁　徐玉君　殷佳佳　高　深

凌庆勇　宾哲源　黄军霞　黄　梅　梁仕成

梁华南　韩丽珍　覃华容　温玉梅　谢婧婧

潘吟松　薛建广

我国沙田柚种植区主要分布在亚热带地区，由于每年气象条件不同，沙田柚可溶性固形物含量存在大年和小年现象。研究表明，不同沙田柚种植区域，影响沙田柚可溶性固形物含量关键气象指标不尽相同，生产实践迫切需要建立沙田柚可溶性固形物含量年型等级预测模型及信息化预测平台。

本书包括两部分：上篇以我国现有的3个沙田柚地标（广西容县、广东梅州、重庆长寿）和一个非沙田柚地标（广西桂林）为例，构建沙田柚可溶性固形物含量年型等级预测模型和指标体系，包括单一指标预测模型和综合指标预测模型，综合指标预测模型包括多元回归预测模型和多因素判别预测模型；下篇以广西容县沙田柚为例，构建沙田柚蜜味和香气预测模型，包括单一指标预测模型和多元回归预测模型。

上篇研究结果和结论：①气象条件是沙田柚可溶性固形物含量年型等级的主要影响因素。由于大年和小年多数情况下并非间隔出现，所以土壤养分供应并非造成大年和小年现象出现的主要原因。②每个案例都能确定关键气象指标，构建了4个产地沙田柚可溶性固形物含量年型等级的预测模型；多因素判别预测模型优于多元回归预测模型；预测模型可以用于除极端气象年的沙田柚可溶性固形物含量年型等级的预测。③气象指标中温度最重要。④4个地区模型指标体系不同，因此不同地区需要建立不同的预测指标体系和预测模型。⑤4个产区不利于可溶性固形物含量年型高等级的气象指标如下：广西容县9～10月降水量多和湿度大、10月日照时数少；广东梅州5～6月降水量少、7～9月湿度过大；重庆长寿上一年12月至当年1月温度低、4月温度低、6月温度低；广西桂林6～7月日照时数多、7～8月温度低。以上研究结果为制定沙田柚可溶性固形物含量年型等级的调控提供了科学依据和技术指标，有利于沙田柚种植效益的稳定和提高，也有利于商家制定经营策略。

下篇研究结果和结论：①沙田柚果肉蜜味与果肉5种关键物质密切相关。果肉蜜味等级高的判别条件是：糖度>12%，维生素C含量>0.5mg/g，总酚含量>1.5mg/g，柠檬酸含量>16mg/g，葡萄糖含量>400mg/g。②沙田柚柚果香气与果皮 8 种关键物质密切相关。柚果香气等级高的判别条件：巴伦比亚橘烯比例＞0.20％，金合欢醇比例＞0.20％，卡诺酮比例＞5.0％，人参烯比例＞0.20％，辛酸己酯比例＞0.10％，柠檬烯比例＜80％，香叶烯比例＞0.15％，己酸己酯比例＞0.10％。③沙田柚果肉蜜味等级和柚果香气等级是一致的。④下垫面对品质有直接影响，因此种植区域选择尤为重要。品质好的立地条件是：坡度为 40°以上，坡位为坡顶，坡向为西南、正南、东北。品质好的管理条件：树龄 11 年以上，长势中等。⑤沙田柚常温常态环境安全存放时间约为 50d。⑥可溶性固形物含量是决定果肉蜜味、柚果香气等级的主要指标。由于产量越高可溶性固形物含量越高，因此提高产量可以增加可溶性固形物含量，进而提高蜜味和香气等级。⑦容县沙田柚可溶性固形物含量、蜜味、香气 3 项指标的方向是一致的，说明甜、蜜、香是容县沙田柚的品质特征。

本书主要创新点和特色：①4 个沙田柚产区都是长期稳定的生产基地，历史数据具有可比性，便于解析时间尺度上的气象条件对可溶性固形物含量年型等级的影响；②将反应可溶性固形物含量大小年型划分为等级，以便对缺乏历史数据情况下进行半定量描述和统计分析；③气象数据以日为基础，以沙田柚一个生产周期 14 个月为时长，包括了完整的沙田柚生产周期；④构建了覆盖 14 个月的所有气象指标，通过自编软件自动筛选关键气象指标；⑤将样本划分为建模样本和验证样本；⑥建立了单一关键指标预测模型、多元回归预测模型、多因素判别预测模型，比较了多元回归预测模型和多因素判别预测模型在沙田柚可溶性固形物含量解析上的异同点；⑦定义了模型合格的预测误差评价标准。

本书得到广西"八桂学者专项经费"、容县农业农村局"容县沙田柚蜜味和香气产生物质研究"课题、广西地标作物大数据工程技术研究中心（2018GCZX0020）、广西科技基地和人才专项（桂科 AD18126012）、广西科技重大专项（桂科 AA17204077）、广西一流学科（地理学）项目经费的资助，在此表示感谢。

由于编者水平所限，不足之处，恳请大家批评指正。

侯彦林

2023 年 4 月 10 日于南宁

目录
CONTENTS

前言

上篇　沙田柚可溶性固形物含量预测模型研究

下篇　沙田柚蜜味和香气与产生物质关系及其预测模型

上篇　沙田柚可溶性固形物含量预测模型研究

第一章 沙田柚品质研究概况

第一节 研究概况

沙田柚［*Citrus maxima* (Burm.) Merr. cv. Shatian Yu.］属芸香科柑橘属植物，乔木[1]。单果重 700～1 500g，最大果重超过 3 000g，果肉脆嫩，味浓甜[2]。沙田柚可食率 45%～55%，果汁率 25%～40%，可溶性固形物含量为 12%～16%，果肉含蛋白质 0.9%，果汁中含糖量 6.3%～12%，含酸量 0.4%～1.2%，维生素 C 含量 0.9～1.5mg/ml，还含有维生素 B_1、B_2、B_6、E、P 和 Ca、Fe、P、Mg、S、Na 等人体必需的微量元素，营养丰富，品质优良，被誉为"柚中之王"。因其风味独特、营养丰富、耐贮藏等特点而驰名中外，深受消费者喜爱。

构成沙田柚果实品质的因子，简单讲是形、色、味 3 个字。"形"是指果实形状、果径大小、果形指数、果皮光滑度和清洁度等；"色"是指果皮色泽，包括病虫斑等；"味"是指果肉内在的质地、水分、风味、可溶性固形物含量、可食率等[3]。其中，可溶性固形物含量（俗称甜度）在沙田柚果实感官和品质鉴定中起关键作用[4]，直接影响甜度和苦味，间接影响果汁含量。

沙田柚品质的提高与栽培技术的提高息息相关，因此，较多学者分析了沙田柚品质的影响因素。吴纯善[5]和夏桂红[6]确定影响沙田柚品质主要有两大因素，一是自然因素。土壤的肥沃和疏松程度、光照时间的长短等均会影响沙田柚的品质；二是人为因素。无机肥和农药的大量使用会导致土壤板结酸化、土壤透气性不佳，植物根部失去活性，营养的运输受到阻碍，进而导致产量和质量都无法提高；农户对沙田柚树修剪缺乏技术，导致树体隐蔽，光合作用能力差，树体枯枝病虫枝多，杂乱枝、无效枝多，损耗的营养过多，致使整体的产量和品质差。因此，农户需挑选合适的种植园地，精心培育沙田柚嫁接苗木和应用正确的修剪方式等，来全面提高沙田柚果实的质量。刘书田等[7]通过观测不同试验处理冠内温度、湿度和测定柚果可溶性固形物含量，分析遮雨棚和地膜覆盖提高沙田柚可溶性固形物含量的效果。研究发现，遮雨棚＋反光膜（15.5%）＞遮雨棚（14.9%）、遮雨棚＋普通膜（14.9%）＞反光膜（14.6%）＞普通地膜（14.5%）＞对照（14.4%）；柚果可溶性固形物含量与冠内平均温度呈显著正相关关系；冠内湿度 35%～45% 时，有利于可溶性固形物的积累。遮雨棚和反光膜对于提高柚果可溶性固形物含量有效。刁俊明等[8]研究了不同采收期对梅州沙田柚果实的品质及呼吸作用的影响。结果表明，过早采收的沙田柚，其可溶性固形物、可溶性糖、维生素 C 等的含量较适时采收的要低，而其有机酸含量及呼吸作用则较高。提出了梅州沙田柚最佳采收期应是 11 月上、中旬。杨静娴等[9]比较梅县 4 个地方 6 个试验点的沙田柚，在不同种植条件下、不同时期总糖和果糖含量的变化，分析了不同的种植条件对沙田柚糖度的影响。结果表明，随着沙田柚果实的成熟，沙田柚果实内部总糖和果糖的含量逐渐增多；不同的土质种植对沙田柚糖度的影响显著，红壤土种植并施复合肥的沙田柚总糖含量较高；果糖的含量受施肥种类因素影响显著。胡位荣等[10]研究了不同类型的商品果袋在沙田柚幼果期套袋后果实品质的变化。结果表明，套袋显著地改善了柚果的外观品质，防病虫效果显著，并使单果重明显增加，但套袋使鲜果的可溶性固形物和维生素的含量略有下降。刘萍等[11]研究了低温和薄膜贮藏对沙田柚果实外观、失重率、还原糖、总糖、有机酸、维生素C、可溶性固形物等营养指标和商品品质的影响。结果表明，薄膜贮藏的果实还原糖、总糖、可溶性固形物和维生素C含量最低，低温贮藏和室温贮藏相比差异不显著，但低温贮藏果实有机酸含量最高，糖酸比最低。为了提高沙田柚的果实品质，学者们[12-16]提出了沙田柚品质综合调控技术，包括栽培技术（培育优良嫁接苗、选择适宜的园地、定植、肥水管理、病虫害防治）、风味改良技术、正确修剪、科学使用生长调节剂、合理疏果、套袋等方面内容，以期为沙田柚的后续发展夯实基础。

平衡合理施肥是提高沙田柚产量和品质的关键措施[17]。果树养分供给主要来自土壤，有机肥施用量足，土壤有机质含量高，产量和品质都会增加，可达到提高化肥利用率、减少环境污染的效果[18]。邹永翠等[19]采用田间对比试验研究3种有机肥（奶牛粪、鸡粪、猪粪高温腐熟发酵所得的有机肥）及其组合对长寿沙田柚产量和品质的影响，结果表明，对沙田柚品质的改善，居首位的是奶牛粪处理，其次是猪粪＋牛粪处理和鸡粪＋牛粪处理，排名靠后的是无机配方肥、习惯施肥和猪粪处理。聂磊等[20]探讨了花生麸与人粪尿、猪粪、鸡粪、绿肥等有机肥处理对沙田柚果实品质的影响，结果表明，有机肥处理能提高柚果总糖、总酸和可溶性固形物含量，其中以花生麸与人粪尿腐熟施用效果最明显。区善汉等[21]为了解虾肽有机肥对沙田柚果实品质改善的效果，形成合理的施用技术，2013—2016年在容县开展了施用虾肽有机肥对沙田柚果园土壤养分和果实品质的影响试验，结果表明，连续施用虾肽有机肥3年能提高0~20cm浅层土壤交换性镁、有效锌、有效铁、有效锰、有效硼含量，以及20~40cm土壤全氮、交换性钙、交换性镁、有效铁、有机质含量和pH；叶片全氮、全磷、全钾、交换性镁、有效硼等矿质营养元素含量明显提高；果实总糖含量明显提高，风味佳，甜脆爽口，果品质量更优。李淑仪等[22]报道了沙田柚产区土壤养分状况、沙田柚营养需求特性和叶片与果实对营养元素吸收的季节性变化模式、沙田柚果实品质指标与各时期树体营养元素含量的相关性以及磷肥活化剂的使用，分析了沙田柚产量和品质提高的因素，研制出了沙田柚系列专用肥。何静等[23]探究了不同肥料类型对沙田柚果实品质的影响，研究发现：①施用生物活性有机肥可增加沙田柚施肥点的须根量，增加吸收面积；②复合肥、生物活性有机肥和鸡粪对沙田柚果实水分、可溶性固形物、可溶性糖、维生素C和酸含量均有一定的影响，但3种肥料间差异不显著。罗来辉[24]在田间生长条件下，研究了施锌对沙田柚果实含酸量、维生素C含量和可溶性固形物含量的影响，结果表明，施用锌肥可增加柚果可溶性固形物含量，降低含酸量，较明显地提高其糖酸比，并增加维生素C的含量，从而提高柚果品质。沙田柚果实品质受土壤氮磷钾营养状况的影响，特别是与土壤氮素含量密切相关[25]。熊森基等[26]在梅县程江镇大水坝村进行施肥效果试验，结果表明，梅县砂壤土种植沙田柚每亩①氮、磷、钾肥

---

① 亩为非法定计量单位，1亩＝1/15hm²≈667m²。——编者注

的最佳施用量分别为 50.4kg、25.2kg、35.3kg，N：P：K 为 1：0.5：0.7，另外适当施用硼砂，可提高沙田柚果实品质，增加种植效益。了解当前常规管理下的树体养分水平，探讨果实品质与不同时期树体叶片和果实矿质养分的关系，对指导生产者施肥，改善果实品质具有重要意义。对果实品质与各时期叶片和果实矿质元素含量的研究通常采用相关性分析法[27]，李淑仪[28]等对梅州沙田柚叶片矿质元素含量与果实品质的相关性进行了研究，结果表明，9 月和 7 月的叶片分析结果与沙田柚品质进行相关统计最有意义；与果实全糖相关性最显著的是叶片钙含量，其次是叶片铜、钼、磷、锌含量。

病虫害影响沙田柚的营养生长和果实品质的高低。吴丰年等[29]结合田间调查和室内试验系统研究沙田柚感染黄龙病菌后叶片症状、果实内外品质和风味感官品质的变化，研究发现，沙田柚黄龙病病程进展较慢，但随着发病程度的加深，高黄龙病菌浓度（Ct＜26）的柚树叶片出现典型斑驳黄化症状，单株柚果总产量和总结果数显著降低，果实变小变轻，着色不均匀，可食率、出汁率、可溶性固形物含量、甜味度、果肉饱满度和综合风味显著下降，酸味度和异味度反而显著提高，失去食用价值。王飞燕等[30]通过对比分析沙田柚健康和感染黄龙病植株的形态特征、果实品质、矿质元素等方面的差异，具体量化了黄龙病对沙田柚树体和果实的影响。

Hua-Zhou Chen 应用化学信息模型对果实的成熟度进行了判断，研究结果表明，沙田柚成熟度的无损评价表现良好，为沙田柚的品质评价提供了一种新的方法[31]。Xin Yang 发现云量覆盖率与云量分布与沙田柚的品质密切相关，云量覆盖率较低的地区因为可获得更为充足的光辐射，更有利于柚果对糖分的吸收[32]。

目前，全国共有两个沙田柚地理标志产品地——广西容县和广东梅州[33-34]，一个地区地理标志商标——重庆长寿[35]。这 3 个地区种植沙田柚历史悠久，是全国目前最大的沙田柚生产基地[36]。梅州金柚（沙田柚），起源于广西容县，民国初年自容县引种而来[4]，经过近百年的栽培选育已成为全国最大的沙田柚生产基地[34]，种植面积 24.5 万亩，年产柚果 53 万 t。广西容县种植沙田柚 22.3 万亩，规模仅次于梅州。截至 2014 年，重庆长寿种植沙田柚 9 000 万亩，产量 1.6 万 t[37]。沙田柚具有果实质优味美、营养丰富、药用价值高、耐运输、耐贮藏的特点[38-39]，可广泛应用于食品、医药、化妆品生产中[40]，因而愈发受到大众的喜爱，在市场上的销量逐年增加。目前有很多学者探讨如何提高沙田柚的产量及品质，提高栽培水平、扩大种植规模，满足广大的市场需求，使得沙田柚在各地的农业经济比重中稳步增加[41-43]。

沙田柚喜温暖潮湿的气候环境[44]，年均温在 13～6℃和年均降雨量为 1 000～2 000mm 的地带都适宜其生长发育。沙田柚对地势的要求不严，平原、沙滩、丘陵、低山、海拔 500m 以下，坡度不超过 25°的山地均可栽植。沙田柚的适种土壤较为广泛，冲积土、红黄壤、紫砂土、菜园土在土层深厚、排水良好、透气性强的环境条件下均可栽植。土壤 pH 以 5.5～6.5 为宜，土质以砂壤土最好[45-46]。

沙田柚属亚热带常绿果树，畏寒冷。低温使得柚树处于半休眠状态，致使花柄与花蕾形成分离层，落花造成树体养分损失，花期推迟，生育期缩短，不利于养分积累。生育期干旱、后期水分过于集中，均不利于可溶性固形物的储存，致使沙田柚品质降低[47]。沙田柚虽喜温暖潮湿，但是在年平均温度过高的地区，柚果会表现出果皮粗厚，汁胞质地硬，糖分低，易枯水等现象；而年平均温度过低时柚果的含酸量高，果小，缺乏沙田柚特有风味，因此，对沙田柚的气候适应性进行研究，根据气候变化对沙田柚的种植管理进行科学的调整，以保障沙田柚的产量与品质。重庆市长寿区气象局对沙田柚的农业气候进行分析，结果表明，温度是决定沙田柚生长发育的主要限制因素。柚树生长过程要求年平均气温 16.6~21.3℃，1 月平均气温 5.4~13.2℃，极端低温在 −11.1℃ 以上，≥10℃ 的积温 5 300~7 400℃。沙田柚在年平均气温 18~20℃，1 月平均气温 7~9℃，≥10℃ 年积温 5 800~6 500℃，8 月下旬至 10 月中旬天气晴好，昼夜温差 10~12℃ 的地区种植，柚树生长发育迅速，果实能充分表现出该品种的特性，果园容易达到高产优质。气温＜7℃ 或＞37℃，生长受抑制。土温达到 40~45℃ 时根系容易死亡[48-49]。郭淑敏等[40]研究发现，沙田柚不同发育期对气候的要求不同，冬季适当低温干旱和阳光充足的天气有利于促进花芽分化；花期至幼果期 20~30℃ 的适宜气温，充足的土壤水分供应，能够提高花质和坐果率；果实膨大期需水量较大，应注意灌溉保证水分的供应；果实成熟期需水量相对较少。沙田柚生长期间会受到高温伏旱的影响，从而影响柚果发育和品质[36]。在果实生长期间遇上干旱，特别是柚园在 6~8 月缺水，会阻碍果实膨大，使柚果变小，将直接影响当年柚果的品质和产量[50]。陈小梅[51]对梅州沙田柚的品质与气象条件进行调查分析，发现 7月、8 月、9 月是沙田柚果发育的关键时期，此时期气温高，光照强度大，水分蒸发量大，为保证柚果水分供应均衡，避免出现裂果，有条件的果园应建立灌水系统，及时调节水分供给，为沙田柚稳产优质创造条件。曾杨等[52]对沙田柚的最佳采收期进行研究，发现秋季气温和降雨量的变化是决定何时采收的关键因素，过早采收的沙田柚果实碳水化合物累积少，含糖量不高，品质低劣，而在气温明显下降后 30d 左右进行采收，沙田柚的糖度高，品质最佳。了解和掌握沙田柚种植地的气候生态适应性，对保障其产量和品质均具有重要意义。已有学者开展气候生态适应性对沙田柚的影响研究，梁敏妍等[53]应用农业气候相似程度的诊断方法对广东仁化县和广西容县沙田柚气候生态适应性进行研究，确定容县和仁化县的生态气候条件均能满足沙田柚的生长需求。涂方旭等[54]对广西沙田柚的气候区划进行了探讨，认为广西沙田柚最适宜气候区主要分布在中亚热带气候区，覆盖面积大，包括 20 多个县。而作为沙田柚的原产地容县，大部分区域属于沙田柚适宜气候区，仅部分区域属于沙田柚最适宜气候区。

石植群等[49]研究了沙田柚生长发育与气象条件的关系，分析了根系生长、枝梢发育、花芽分化、开花授粉、幼果发育、果实膨大等生长发育的适宜气象指标，采用逐步回归分析方法进行筛选分析，并建立产量和含糖量的气象预测模式。许曦戈等[55]研究不同温度下沙田柚品质的变化规律，是基于统计分析法和 Arrhenius 动力学方程基础之上，建立其相应的贮藏期预测模型。

沙田柚品质提高技术成为近年的研究热点。前人大量的研究表明，影响沙田柚品质的因素主要有：遗传因素（品种）、管理模式和环境条件。随着科学技术的进步，果农已经逐步采用了科学的种植方式，选用优良品种，采用平衡施肥，及时疏花疏果等技术，因此基本可以排除前面两个因素的影响，于是环境条件成为了影响沙田柚品质的主要因素，其中以气象条件的影响最为关键。

第二节 研究对象

本研究选择我国现有的 3 个沙田柚地标和一个非地标作为研究对象，4 个地标产地情况见表 1-1。4 个产地收获时间在 10~11 月。

表 1-1 中国 4 个沙田柚产地基本情况

地点	纬度	经度	平均海拔 （m）	面积 （hm²）	年均温 （℃）	年均降水量 （mm）	年日照时数 （h）
广西容县	22°27′~23°07′	110°15′~110°53′	131	15 333	21.3	1 699	1 746
广东梅州市	23°23′~24°56′	115°18′~116°56′	81	39 066	21.7	1 289	1 946
重庆长寿区	29°43′~30°12′	106°49′~107°27′	400	6 666	17.7	1 162	1 184
广西桂林市	24°28′~25°4′	110°13′~110°40′	160	3 200	19.5	1 560	1 430

第三节 研究方法

（1）沙田柚可溶性固形物含量年型等级定义 年型是对一定区域内沙田柚可溶性固形物含量年型等级历史年等级的划分结果，以此确定研究问题的因变量（Y）的等级，一般根据沙田柚可溶性固形物含量年型等级由低到高分为 5 级，分别对应赋值 1、2、3、4、5 数值，据此可以通过统计方法分析其与影响因素自变量（X）的关系或建模，是将历史经验的沙田柚可溶性固形物含量年型等级数值化的一种表示方法。定义的年型等级概念在果树行业上可以理解为某年的沙田柚可溶性固形物含量的高低程度，与俗称的小年、平年、大年传统术语含义基本相同。为了提高分析精度，在小年和平年、平年和大年之间定义了偏小年和偏大年。按这样定义的年型等级，通过实地调查，一般经营者和技术人员可以容易地确定近些年特别是最好年和最差年的年份和年型等级，以增加统计样本数。

（2）年型等级数据获得方法 通过公开信息查询和实地调研等方式，收集某地区沙田柚可溶性固形物含量年型等级，要求面积 1 万亩以上，年份 8 年以上。年型划分为小年、偏小年、平年、偏大年、大年 5 个年型等级（Y），分别赋值 1、2、3、4、5，以便于统计分析。

（3）沙田柚一年生产周期划分方法 从沙田柚收获月开始直到下一年收获月之前的一个月为其一年的生产周期，长度按 365d 计算。

（4）气象数据的收集 收集某地区沙田柚不同可溶性固形物含量年型等级对应年的逐日气象数据，包括每日的最高温度、平均温度、最低温度、平均相对湿度、日照时数、降水量 6 个指标。

（5）构建影响沙田柚可溶性固形物含量年型等级的气象指标变量 （a）从一年生长周期 365d 的第 1 天开始，分别构造 365 个时段，设第 1 天为第 1 个时段、第 1~2 天为第 2 个时段、第 1~3 天为第 3 个时段、……、第 1~365 天为第 365 个时段，计算每个时段

7个气象指标的平均值或累加值，获得365个时段×7个指标＝2 555个变量；（b）从一年生长周期365d的第2天开始，分别构造364个时段，设第2天为第1个时段、第2～3天为第2个时段、第2～4天为第3个时段、……、第2～365天为第364个时段，计算每个时段7个气象指标的平均值或累加值，获得364个时段×7个指标＝2 548个变量；……；（c）从一年生长周期365d的第364天开始，分别构造2个时段，设第364天为第1个时段、第364～365天为第2个时段，计算每个时段7个气象指标的平均值或累加值，获得2个时段×7个指标＝14变量；（d）从一年生长周期365d的第365天开始，构造1个时段，设第365天为1个时段，计算这个时段7个气象指标的平均值或累加值，获得1个时段×7个指标＝7变量。合计时段数＝（365＋1）×365÷2＝66 795，合计变量数＝66 795×7＝467 565。由于沙田柚在收获前已经开始花芽分化，因此从上一年11月开始，按14个月构造气象变量，变量构造方法同上。

（6）影响单产大小年年型等级的关键气象指标的筛选方法　使用自编软件分别自动计算按14个构造的所有变量与年型等级的相关系数，凡是达到显著和极显著相关关系的指标初选为关键气象指标。将同一指标的初选关键气象指标按时间由前向后排列，取相关系数连续达到显著和极显著的一个时段，再取该时段内达到显著和极显著相关系数发生拐点时的绝对值最大的那个变量，由这些变量组成关键指标。最终结果有两种情况：一是至少有一个关键气象指标被选择出来；二是没有关键气象指标被选择出来。

（7）单一关键气象指标与年型关系的预测模型　使用筛选出来的单一关键气象指标与年型进行线性回归，回归方程即为单因素预测模型。当关键气象指标为一个时，模型自回归误差即为一元模型自回归误差，当关键气象指标为一个以上时，模型自回归误差即为多元回归模型自回归误差，因此，本书不对单一关键指标模型进行自回归误差分析。

（8）多个关键气象指标构建多元回归预测模型　（a）多元回归预测模型的建立；（b）多元回归预测模型自回归误差分析；（c）多元回归预测模型验证；（d）多元回归预测模型关键气象指标范围确定。

（9）多个关键气象指标构建多因素判别预测模型　（a）多因素判别预测模型的构建；（b）多因素判别预测模型误差分析；（c）多因素判别预测模型验证；（d）多因素判别预测模型关键气象指标范围确定。

（10）定义的模型预测误差　预测误差＝预测年型－实际年型。此处将$-1.0 <$当年自回归误差< 1.0的预测年定义为当年预测合格；$-1.0 <$模型自回归预测误差< 1.0的比例≥80%以上时定义为模型合格。

（11）模型筛选方法　多元回归预测模型和多因素判别预测模型是两类预测模型，多数情况下使用相同的关键气象指标，两类模型可以相互补充，并以预测误差最小的模型为优。

（12）建模样本和验证样本　一般情况下，预留10%～20%样本作为验证，不参与建模。

（13）未知年型预测　将未知年关键气象指标输入到优选确定的多元回归预测模型和（或）多因素判别预测模型中可以获得未知年年型预测值，如是历史年可以验证模型精度，如是当前年可以提前预测年型，以最后一个关键气象指标出现时为预测时间。

第二章 广西容县沙田柚可溶性固形物 含量年型等级预测模型

第一节 影响容县沙田柚可溶性固形物 含量年型等级的关键气象指标

对容县沙田柚可溶性固形物含量年型等级的关键气象指标筛选结果如表2-1所示，关键气象指标数据见表2-2。

表2-1 影响容县沙田柚可溶性固形物含量年型等级的关键气象指标

变量	定义	与年型等级关系
X_1（mm）	当年9月22日至10月31日每日降水量的累计	负相关
X_2（%）	当年9月22日至10月31日每日最小相对湿度的平均	负相关
X_3（h）	当年10月1～31日每日日照时数的累计	正相关

表2-2 影响容县沙田柚可溶性固形物含量年型等级的关键气象指标数据

年份	X_1（mm）	X_2（%）	X_3（h）	Y
1991	2.60	45.59	205.10	5
1992	1.60	44.63	239.30	5
1995	323.60	58.41	115.50	1
1997	195.50	62.66	152.80	1
2000	262.40	60.29	129.00	1
2002	249.60	59.90	170.90	1
2004	0.10	44.88	230.90	5
2005	18.90	45.93	218.30	5
2013	32.00	45.41	196.70	5
2014	3.10	46.37	216.30	5
2015	334.80	55.49	175.20	1
2017	12.90	48.93	179.00	3

注：表中 Y 为沙田柚当年可溶性固形物含量年型等级，共分为5级，1为年型等级小年，5为年型等级大年；合计12年，其中，2014年、2015年、2017年3年作为验证年，不参与建模。

第二节 容县沙田柚可溶性固形物含量年型 等级与关键气象指标关系模型

对表2-2中影响容县沙田柚可溶性固形物含量年型等级的3个关键指标与容县沙田

柚可溶性固形物含量年型等级关系制作散点图，并配回归方程，结果见图 2-1 至图 2-3。

图 2-1 说明：容县沙田柚可溶性固形物含量年型等级 Y 与当年 9 月 22 日至 10 月 31 日每日降水量的累计（X_1）呈极显著负相关关系；容县沙田柚可溶性固形物含量年型等级 Y 随着 X_1 的增加而降低；回归方程为 $Y = 0.000\ 05X_1^2 - 0.030\ 3X_1 + 5.280\ 4$（$r = -0.989^*$，$n = 9$，$r_{0.05} = 0.666$，$r_{0.01} = 0.798$）。

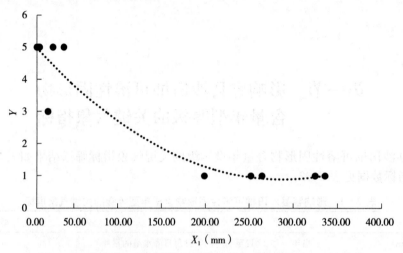

图 2-1　容县沙田柚可溶性固形物含量年型等级 Y 与 X_1 的关系

图 2-2 说明：容县沙田柚可溶性固形物含量年型等级 Y 与当年 9 月 22 日至 10 月 31 日每日最小相对湿度的平均（X_2）呈极显著负相关关系；容县沙田柚可溶性固形物含量年型等级 Y 随着 X_2 的增加而降低；回归方程为 $Y = 0.013\ 4X_2^2 - 1.678\ 2X_2 + 53.557\ 0$（$r = -0.996^{**}$，$n = 9$，$r_{0.05} = 0.666$，$r_{0.01} = 0.798$）。

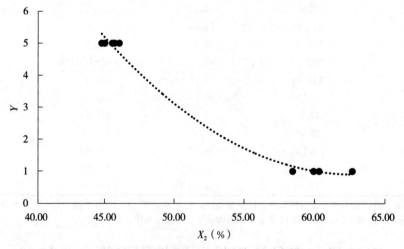

图 2-2　容县沙田柚可溶性固形物含量年型等级 Y 与 X_2 的关系

图 2-3 说明：容县沙田柚可溶性固形物含量年型等级 Y 与当年 10 月 1～31 日每日日照时数的累计（X_3）呈极显著正相关关系；容县沙田柚可溶性固形物含量年型等级 Y 随着 X_3 的增加而升高；回归方程为 $Y = 0.000\ 08X_3^2 + 0.014\ 7X_3 - 2.281\ 4$（$r = 0.900^{**}$， n＝9，$r_{0.05}$＝0.666，$r_{0.01}$＝0.798）。

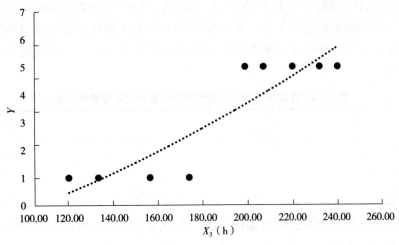

图 2-3　容县沙田柚可溶性固形物含量年型等级 Y 与 X_3 的关系

第三节　容县沙田柚可溶性固形物含量
年型等级多元回归预测模型

1. 多元回归预测模型　基于表 2-2 中的 3 个关键气象指标，对容县 9 年已知沙田柚可溶性固形物含量年型等级 Y 与表 2-2 中的 X_1、X_2、X_3 进行三元回归，得到 Y＝14.184 2－0.007 3X_1－0.174 5X_2－0.005 5X_3（r＝0.999**，n＝9，$r_{0.05}$＝0.754，$r_{0.01}$＝0.875）。

2. 多元回归预测模型自回归误差　表 2-3 表明：模型自回归预测误差 9 年全部合格，在 ±1 个等级误差内的比例为 100.0%，预测模型合格。

表 2-3　容县沙田柚可溶性固形物含量年型等级预测模型自回归结果

年份	Y	Y'	预测误差
1991	5	5.08	0.08
1992	5	5.06	0.06
1995	1	1.00	0.00
1997	1	0.99	－0.01
2000	1	1.05	0.05
2002	1	0.98	－0.02
2004	5	5.08	0.08
2005	5	4.83	－0.17
2013	5	4.94	－0.06

注：表中 Y 为沙田柚当年可溶性固形物含量年型等级；Y' 为通过模型自回归预测的沙田柚当年可溶性固形物含量年型等级；预测误差＝Y'－Y。

3. 多元回归预测模型验证 用基于表 2-2 的 3 个关键气象指标构建的综合预测模型 $Y=14.184\,2-0.007\,3X_1-0.174\,5X_2-0.005\,5X_3$（$r=0.999^{**}$，$n=9$，$r_{0.05}=0.754$，$r_{0.01}=0.875$）预测并验证已知年型，其中 2017 年沙田柚可溶性固形物含量年型等级为平年。验证结果，年型等级预测误差不合格，模型合格率为 66.7%，说明模型预测结果不合格（表 2-4）。

表 2-4 容县沙田柚可溶性固形物含量年型等级预测结果

年份	Y	Y'	预测误差
2014	5	4.88	−0.12
2015	1	1.10	0.10
2017	3	4.56	1.56

4. 多元回归预测模型关键气象指标范围 由于多元回归预测模型不合格，因此无法确定关键气象指标范围。

第四节　容县沙田柚可溶性固形物含量年型等级判别模型

表 2-5 为已知 12 年的数据（大年 6 年、平年 1 年、小年 5 年）。其中 2014 年、2015 年、2017 年作为验证年，不参与判别模型的构建。

表 2-5 容县沙田柚可溶性固形物含量年型等级判别分析结果

年份	X_1 (mm)	X_2 (%)	X_3 (h)	Y	Y'
1991	2.60	45.59	205.10	5	大年
1992	1.60	44.63	239.30	5	大年
1995	323.60	58.41	115.50	1	小年
1997	195.50	62.66	152.80	1	小年
2000	262.40	60.29	129.00	1	小年
2002	249.60	59.90	170.90	1	小年
2004	0.10	44.88	230.90	5	大年
2005	18.90	45.93	218.30	5	大年
2013	32.00	45.41	196.70	5	大年
2014	3.10	46.37	216.30	5	大年
2015	334.80	55.49	175.20	1	小年
2017	12.90	48.93	179.00	3	平年

1. 多因素判别预测模型 判别模型构建方法：对已知年型 9 年的 3 个关键气象指标进行统计，得到：

（1）指标划分

①当年 9 月 22 日至 10 月 31 日每日降水量的累计（X_1）划分为两个标准：当 $X_1\leqslant$

32.0（mm）时，为大年和偏大年；当 $X_1>32.0$（mm）时，为平年、偏小年和小年。

②当年 9 月 22 日至 10 月 31 日每日最低湿度的平均（X_2）划分为两个标准：当 $X_2<47.0$（%）时，为大年和偏大年；当 $X_2\geqslant47.0$（%）时，为平年、偏小年和小年。

③当年 10 月 1～31 日每日日照时数的累计（X_3）划分为两个标准：当 $X_3>195.0$（h）时，为大年和偏大年；当 $X_3\leqslant195.0$（h）时，为平年、偏小年和小年。

（2）8 个指标组合划分

① $X_1\leqslant32.0$、$X_2<47.0$、$X_3>195.0$，此时为大年和偏大年；

② $X_1\leqslant32.0$、$X_2<47.0$、$X_3\leqslant195.0$，此时为平年、偏小年和小年；

③ $X_1\leqslant32.0$、$X_2\geqslant47.0$、$X_3>195.0$，此时为平年、偏小年和小年；

④ $X_1\leqslant32.0$、$X_2\geqslant47.0$、$X_3\leqslant195.0$，此时为平年、偏小年和小年；

⑤ $X_1>32.0$、$X_2<47.0$、$X_3>195.0$，此时为平年、偏小年和小年；

⑥ $X_1>32.0$、$X_2<47.0$、$X_3\leqslant195.0$，此时为平年、偏小年和小年；

⑦ $X_1>32.0$、$X_2\geqslant47.0$、$X_3>195.0$，此时为平年、偏小年和小年；

⑧ $X_1>32.0$、$X_2\geqslant47.0$、$X_3\leqslant195.0$，此时为平年、偏小年和小年。

样本中出现的 3 种组合：① $X_1\leqslant32.0$、$X_2<47.0$、$X_3>195.0$，此时为大年和偏大年；④ $X_1\leqslant32.0$、$X_2\geqslant47.0$、$X_3\leqslant195.0$，此时为平年、偏小年和小年；⑧ $X_1>32.0$、$X_2\geqslant47.0$、$X_3\leqslant195.0$，此时为平年、偏小年和小年。其他 5 种组合尚未出现。

2. 多因素判别预测模型误差　应用表 2-5 中的 3 个判别条件判别：5 个调查为大年年型的判别结果正确，4 个调查为小年年型的判别结果正确。

3. 多因素判别预测模型验证　应用表 2-5 中的 3 个判别条件判别：2014 年为大年，2015 为小年，2017 年为平年，判别结果正确。

4. 多因素判别预测模型关键气象指标范围　容县沙田柚可溶性固形物含量年型等级的关键气象指标范围：

① $X_1\leqslant32.0$、$X_2<47.0$、$X_3>195.0$，此时为大年和偏大年；

② $X_1\leqslant32.0$、$X_2<47.0$、$X_3\leqslant195.0$，此时为平年、偏小年和小年；

③ $X_1\leqslant32.0$、$X_2\geqslant47.0$、$X_3>195.0$，此时为平年、偏小年和小年；

④ $X_1\leqslant32.0$、$X_2\geqslant47.0$、$X_3\leqslant195.0$，此时为平年、偏小年和小年；

⑤ $X_1>32.0$、$X_2<47.0$、$X_3>195.0$，此时为平年、偏小年和小年；

⑥ $X_1>32.0$、$X_2<47.0$、$X_3\leqslant195.0$，此时为平年、偏小年和小年；

⑦ $X_1>32.0$、$X_2\geqslant47.0$、$X_3>195.0$，此时为平年、偏小年和小年；

⑧ $X_1>32.0$、$X_2\geqslant47.0$、$X_3\leqslant195.0$，此时为平年、偏小年和小年。

第五节　讨　　论

本案例中：

① X_1 为"当年 9 月 22 日至 10 月 31 日每日降水量的累计"，此时沙田柚处于果实成熟期，降水量少时有利于可溶性固形物含量（主要为糖分）的积累[7,40,77]。

② X_2 为"当年 9 月 22 日至 10 月 31 日每日最小相对湿度的平均"，此时沙田柚处于

果实成熟期，温度高时有利于可溶性固形物含量的积累[7,77]。

③X_3为"当年10月1～31日每日日照时数的累计"，此时沙田柚处于果实成熟期，日照时数多时有利于可溶性固形物含量的积累[7,77]。

④本案例基于3个关键气象指标建立的判别模型，只能判别出大年、偏大年年型和非大年和非偏大年年型，由于气象条件的交叉影响和历史数据的局限性，目前无法准确对非大年年型进行进一步的判别。

第六节　结　　论

影响容县沙田柚可溶性固形物含量年型等级的关键气象指标有3个，即"当年9月22日至10月31日每日降水量的累计（X_1）"、"当年9月22日至10月31日每日最低湿度的平均（X_2）"、"当年10月1～31日每日日照时数的累计（X_3）"。

得到容县沙田柚可溶性固形物含量年型等级判别预测模型：

①$X_1 \leqslant 32.0$、$X_2 < 47.0$、$X_3 > 195.0$，此时为大年和偏大年；

②$X_1 \leqslant 32.0$、$X_2 < 47.0$、$X_3 \leqslant 195.0$，此时为平年、偏小年和小年；

③$X_1 \leqslant 32.0$、$X_2 \geqslant 47.0$、$X_3 > 195.0$，此时为平年、偏小年和小年；

④$X_1 \leqslant 32.0$、$X_2 \geqslant 47.0$、$X_3 \leqslant 195.0$，此时为平年、偏小年和小年；

⑤$X_1 > 32.0$、$X_2 < 47.0$、$X_3 > 195.0$，此时为平年、偏小年和小年；

⑥$X_1 > 32.0$、$X_2 < 47.0$、$X_3 \leqslant 195.0$，此时为平年、偏小年和小年；

⑦$X_1 > 32.0$、$X_2 \geqslant 47.0$、$X_3 > 195.0$，此时为平年、偏小年和小年；

⑧$X_1 > 32.0$、$X_2 \geqslant 47.0$、$X_3 \leqslant 195.0$，此时为平年、偏小年和小年。

 # 第三章　广东梅州沙田柚可溶性固形物含量年型等级预测模型

第一节　影响梅州沙田柚可溶性固形物含量年型等级的关键气象指标

对梅州沙田柚可溶性固形物含量年型等级的关键气象指标筛选结果如表 3-1 所示，关键气象指标数据见表 3-2。

表 3-1　影响梅州沙田柚可溶性固形物含量年型等级的关键气象指标

变量	定义	与年型等级关系
X_1（mm）	当年 5 月 1 日至 6 月 5 日每日降水量的累计	正相关
X_2（%）	当年 7 月 22 日至 9 月 30 日每日相对湿度的平均	负相关

表 3-2　影响梅州沙田柚可溶性固形物含量年型等级的关键气象指标数据

年份	X_1（mm）	X_2（%）	Y	年份	X_1（mm）	X_2（%）	Y
1990	81.10	59.07	1	2004	172.80	76.89	1
1991	98.70	55.03	1	2005	285.60	49.94	1
1992	197.60	76.83	1	2006	424.80	48.56	3
1993	317.50	53.31	3	2007	178.90	50.97	1
1994	84.60	56.15	1	2008	194.40	74.30	1
1995	99.30	54.13	1	2011	336.80	40.10	5
1996	186.50	79.03	1	2012	328.60	72.68	3
1997	189.20	58.87	1	2013	342.00	50.59	3
1998	234.00	48.59	1	2014	415.10	46.42	5
1999	208.40	54.20	1	2015	420.20	55.44	3
2000	71.10	76.21	1	2016	245.60	80.13	1
2001	348.50	54.41	3	2017	308.90	51.13	3
2002	49.60	57.96	1	2018	184.80	50.97	1
2003	325.00	54.46	3	2019	358.30	48.23	5

注：表中 Y 为沙田柚当年可溶性固形物含量年型等级，共分为 5 级，1 为年型等级小年，5 为年型等级大年；合计 28 年，其中，2017 年、2018 年、2019 年 3 年作为验证年，不参与建模。

第二节　梅州沙田柚可溶性固形物含量年型等级与关键气象指标关系模型

对表 3-2 中影响梅州沙田柚可溶性固形物含量年型等级的两个关键指标与梅州沙

田柚可溶性固形物含量年型等级关系制作散点图，并配回归方程，结果见图 3-1 至图 3-2。

图 3-1 说明：梅州沙田柚可溶性固形物含量年型等级 Y 与当年 5 月 1 日至 6 月 5 日每日降水量的累计（X_1）呈极显著正相关关系；梅州沙田柚可溶性固形物含量年型等级 Y 随着 X_1 的增加而升高；回归方程为 $Y = 0.000\ 03X_1^2 - 0.005\ 0X_1 + 1.075\ 6$（$r = 0.842^{**}$，n＝25，$r_{0.05} = 0.396$，$r_{0.01} = 0.505$）。

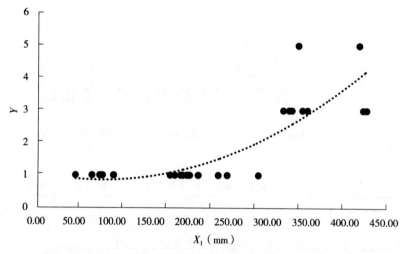

图 3-1　梅州沙田柚可溶性固形物含量年型等级 Y 与 X_1 的关系

图 3-2 说明：梅州沙田柚可溶性固形物含量年型等级 Y 与当年 7 月 22 日至 9 月 30 日每日相对湿度的平均（X_2）呈极显著负相关关系；梅州沙田柚可溶性固形物含量年型等级 Y 随着 X_2 的增加而降低；回归方程为 $Y = 0.004\ 7X_2^2 - 0.647\ 3X_2 + 23.063\ 0$（$r = -0.641^{**}$，n＝25，$r_{0.05} = 0.396$，$r_{0.01} = 0.505$）。

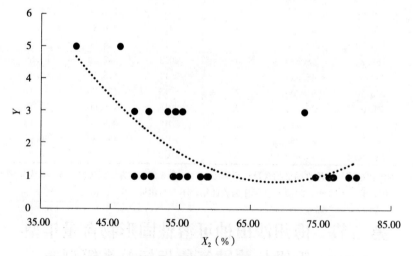

图 3-2　梅州沙田柚可溶性固形物含量年型等级 Y 与 X_2 的关系

第三节　梅州沙田柚可溶性固形物含量年型等级多元回归预测模型

1. 多元回归预测模型　基于表 3-2 中的两个关键气象指标，对梅州 25 年已知沙田柚可溶性固形物含量年型等级 Y 与表 3-2 中的 X_1、X_2 进行二元回归，得到 $Y=1.5815+0.0080X_1-0.0263X_2$（$r=0.826^{**}$，$n=25$，$r_{0.05}=0.404$，$r_{0.01}=0.515$）。

2. 多元回归预测模型自回归误差　表 3-3 表明：模型自回归预测误差 25 年中有 4 年预测不合格，在 ±1 个等级误差内的比例为 84.0%，预测模型合格。

表 3-3　梅州沙田柚可溶性固形物含量年型等级预测模型自回归结果

年份	Y	Y'	预测误差（%）	年份	Y	Y'	预测误差（%）
1990	1	0.68	−0.32	2003	3	2.74	−0.26
1991	1	0.92	−0.08	2004	1	0.94	−0.06
1992	1	1.14	0.14	2005	1	2.54	1.54
1993	3	2.71	−0.29	2006	3	3.69	0.69
1994	1	0.78	−0.22	2007	1	1.67	0.67
1995	1	0.95	−0.05	2008	1	1.18	0.18
1996	1	0.99	−0.01	2011	5	3.21	−1.79
1997	1	1.54	0.54	2012	3	2.29	−0.71
1998	1	2.17	1.17	2013	3	2.97	−0.03
1999	1	1.82	0.82	2014	5	3.67	−1.33
2000	1	0.15	−0.85	2015	3	3.47	0.47
2001	3	2.93	−0.07	2016	1	1.43	0.43
2002	1	0.45	−0.55				

注：表中 Y 为沙田柚当年可溶性固形物含量年型等级；Y' 为通过模型自回归预测的沙田柚当年可溶性固形物含量年型等级；预测误差=$Y'-Y$。

3. 多元回归预测模型验证　用基于表 3-2 的 3 个关键气象指标构建的综合预测模型 $Y=1.5815+0.0080X_1-0.0263X_2$（$r=0.826^{**}$，$n=25$，$r_{0.05}=0.404$，$r_{0.01}=0.515$）预测并验证已知年型，其中 2019 年沙田柚可溶性固形物含量年型等级为大年。验证结果，年型等级预测误差不合格，模型合格率为 66.7%，说明模型预测结果不合格（表 3-4）。

表 3-4　梅州沙田柚可溶性固形物含量年型等级预测结果

年份	Y	Y'	预测误差
2017	3	2.70	−0.30
2018	1	1.71	0.71
2019	5	3.17	−1.83

4. 多元回归预测模型关键气象指标范围 由于多元回归预测模型不合格，因此无法确定关键气象指标范围。

第四节 梅州沙田柚可溶性固形物含量年型等级判别模型

表 3-5 为已知 28 年的数据（大年 3 年、平年 8 年、小年 17 年）。其中 2017 年、2018 年、2019 年作为验证年，不参与判别模型的构建。

表 3-5 梅州沙田柚可溶性固形物含量年型等级判别分析结果

年份	X_1 (mm)	X_2 (%)	Y	Y′	年份	X_1 (mm)	X_2 (%)	Y	Y′
1990	81.10	59.07	1	小年份	2004	172.80	76.89	1	小年
1991	98.70	55.03	1	小年份	2005	285.60	49.94	1	小年
1992	197.60	76.83	1	小年份	2006	424.80	48.56	3	平年
1993	317.50	53.31	3	平年份	2007	178.90	50.97	1	小年
1994	84.60	56.15	1	小年份	2008	194.40	74.30	1	小年
1995	99.30	54.13	1	小年份	2011	336.80	40.10	5	大年
1996	186.50	79.03	1	小年份	2012	328.60	72.68	3	平年
1997	189.20	58.87	1	小年份	2013	342.00	50.59	3	平年
1998	234.00	48.59	1	小年份	2014	415.10	46.42	5	大年
1999	208.40	54.20	1	小年份	2015	420.20	55.44	3	平年
2000	71.10	76.21	1	小年份	2016	245.60	80.13	1	小年
2001	348.50	54.41	3	平年份	2017	308.90	51.13	3	平年
2002	49.60	57.96	1	小年份	2018	184.80	50.97	1	小年
2003	325.00	54.46	3	平年份	2019	358.30	48.23	5	大年

1. 多因素判别预测模型 判别模型构建方法：对已知年型 28 年的 2 个关键气象指标进行统计，得到：

（1）指标划分

①当年 5 月 1 日至 6 月 5 日每日降水量的累计（X_1）划分为 3 个标准：当 $X_1 > 330.0$（mm）时，为大年；当 $300 \leqslant X_1 \leqslant 330.0$（℃）时，为平年；当 $X_1 \leqslant 300.0$（mm）时为小年。

②当年 7 月 22 日至 9 月 30 日每日相对湿度的平均（X_2）划分为 3 个标准：当 $X_2 < 48.5$（mm）时，为大年；当 $48.5 \leqslant X_2 \leqslant 73.0$（mm）时，为平年；当 $X_2 > 73.0$（mm）时，为小年。

（2）9 个指标组合划分

①$X_1 > 330.0$、$X_2 < 48.5$，此时为大年；

②$X_1 > 330.0$、$48.5 \leqslant X_2 \leqslant 73.0$，此时为平年；

③$X_1 > 330.0$、$X_2 > 73.0$，此时为平年；

④$300 \leqslant X_1 \leqslant 330.0$、$X_2 < 48.5$，此时为平年；

⑤$300 \leqslant X_1 \leqslant 330.0$、$48.5 \leqslant X_2 \leqslant 73.0$，此时为平年；

⑥$300 \leqslant X_1 \leqslant 330.0$、$X_2 > 73.0$，此时为小年；

⑦$X_1 \leqslant 300.0$、$X_2 < 48.5$，此时为平年；

⑧$X_1 \leqslant 300.0$、$48.5 \leqslant X_2 \leqslant 73.0$，此时为小年；

⑨$X_1 \leqslant 300.0$、$X_2 > 73.0$，此时为小年。

样本中出现的 5 种组合：

①$X_1 > 330.0$、$X_2 < 48.5$，此时为大年；

②$X_1 > 330.0$、$48.5 \leqslant X_2 \leqslant 73.0$，此时为平年；

⑤$300 \leqslant X_1 \leqslant 330.0$、$48.5 \leqslant X_2 \leqslant 73.0$，此时为平年；

⑧$X_1 \leqslant 300.0$、$48.5 \leqslant X_2 \leqslant 73.0$，此时为小年；

⑨$X_1 \leqslant 300.0$、$X_2 > 73.0$，此时为小年，有 4 种组合没有出现；

③$X_1 > 330.0$、$X_2 > 73.0$，此时为平年；

④$300 \leqslant X_1 \leqslant 330.0$、$X_2 < 48.5$，此时为平年；

⑥$300 \leqslant X_1 \leqslant 330.0$、$X_2 > 73.0$，此时为小年；

⑦$X_1 \leqslant 300.0$、$X_2 < 48.5$，此时为平年。

2. 多因素判别预测模型误差　应用表 3-5 中的 2 个判别条件判别：2 个调查为大年年型的判别结果正确，7 个调查为平年年型的判别结果正确，16 个调查为小年年型的判别结果正确。

3. 多因素判别预测模型验证　应用表 3-5 中的 3 个判别条件判别：2017 年为平年，2018 年为小年，2019 年为大年，判别结果正确。

4. 多因素判别预测模型关键气象指标范围　梅州沙田柚可溶性固形物含量年型等级的关键气象指标范围：

①$X_1 > 330.0$、$X_2 < 48.5$，此时为大年；

②$X_1 > 330.0$、$48.5 \leqslant X_2 \leqslant 73.0$，此时为平年；

③$X_1 > 330.0$、$X_2 > 73.0$，此时为平年；

④$300 \leqslant X_1 \leqslant 330.0$、$X_2 < 48.5$，此时为平年；

⑤$300 \leqslant X_1 \leqslant 330.0$、$48.5 \leqslant X_2 \leqslant 73.0$，此时为平年；

⑥$300 \leqslant X_1 \leqslant 330.0$、$X_2 > 73.0$，此时为小年；

⑦$X_1 \leqslant 300.0$、$X_2 < 48.5$，此时为平年；

⑧$X_1 \leqslant 300.0$、$48.5 \leqslant X_2 \leqslant 73.0$，此时为小年；

⑨$X_1 \leqslant 300.0$、$X_2 > 73.0$，此时为小年。

第五节　讨　论

本案例中：

①X_1 为"当年 5 月 1 日至当年 6 月 5 日每日降水量的累计"，此时沙田柚处于夏梢大量抽生期和第二次生理落果期，谢花后果实进入迅速膨大期，降水量多时有利于果实膨

大[40,47,50-51]，形成单产，单产越高可溶性固形物含量越高。

②X_2为"当年7月22日至当年9月30日每日相对湿度的平均"，此时沙田柚处于第二次生理落果至果实迅速膨大期、晚夏梢老熟及秋梢抽发期，相对湿度大时不利于可溶性固形物含量的增加[77]。

③本案例基于2个关键气象指标建立的判别模型，只能判别出大年、偏大年年型和非大年和非偏大年年型，由于气象条件的交叉影响和历史数据的局限性，目前无法准确对非大年年型进行进一步的判别。

第六节 结 论

影响梅州沙田柚可溶性固形物含量年型等级的关键气象指标有两个，即"当年5月1日至当年6月5日每日降水量的累计（X_1）"、"当年7月22日至当年9月30日每日相对湿度的平均（X_2）"。

得到梅州沙田柚可溶性固形物含量年型等级判别预测模型：

①$X_1 > 330.0$、$X_2 < 48.5$，此时为大年；

②$X_1 > 330.0$、$48.5 \leqslant X_2 \leqslant 73.0$，此时为平年；

③$X_1 > 330.0$、$X_2 > 73.0$，此时为平年；

④$300 \leqslant X_1 \leqslant 330.0$、$X_2 < 48.5$，此时为平年；

⑤$300 \leqslant X_1 \leqslant 330.0$、$48.5 \leqslant X_2 \leqslant 73.0$，此时为平年；

⑥$300 \leqslant X_1 \leqslant 330.0$、$X_2 > 73.0$，此时为小年；

⑦$X_1 \leqslant 300.0$、$X_2 < 48.5$，此时为平年；

⑧$X_1 \leqslant 300.0$、$48.5 \leqslant X_2 \leqslant 73.0$，此时为小年；

⑨$X_1 \leqslant 300.0$、$X_2 > 73.0$，此时为小年。

第四章 重庆长寿沙田柚可溶性固形物含量年型等级预测模型

第一节 影响长寿沙田柚可溶性固形物含量年型等级的关键气象指标

对长寿沙田柚可溶性固形物含量年型等级的关键气象指标筛选结果如表 4-1 所示，关键气象指标数据见表 4-2。

表 4-1 影响长寿沙田柚可溶性固形物含量年型等级的关键气象指标

变量和单位	定义	与年型等级关系
X_1（℃）	上一年 12 月 22 日至当年 1 月 15 日每日平均温度的平均	正相关
X_2（℃）	当年 4 月 1～15 日每日最低温度的平均	正相关
X_3（℃）	当年 6 月 1～15 日每日平均温度的平均	正相关

表 4-2 影响长寿沙田柚可溶性固形物含量年型等级的关键气象指标数据

年份	X_1（℃）	X_2（℃）	X_3（℃）	Y
2005	4.83	11.53	23.28	2
2006	5.89	12.25	22.99	1
2007	6.21	11.19	22.80	1
2008	7.19	13.66	24.39	4
2009	5.18	12.27	23.73	2
2010	5.67	10.32	20.85	3
2011	3.62	12.19	23.01	2
2012	5.70	12.45	22.79	2
2013	3.35	10.94	24.55	1
2014	5.32	14.78	23.15	3
2015	6.98	12.92	22.74	3
2016	7.24	15.26	24.80	5
2017	9.20	14.31	23.78	1
2018	7.76	14.85	25.83	5
2019	7.68	14.39	25.86	5

注：表中 Y 为沙田柚当年可溶性固形物含量年型等级，共分为 5 级，1 为年型等级小年，5 为年型等级大年；合计 15 年，其中，2017 年、2018 年、2019 年 3 年作为验证年，不参与建模。

第二节 长寿沙田柚可溶性固形物含量年型 等级与关键气象指标关系模型

对表 4-2 中影响长寿沙田柚可溶性固形物含量年型等级的 3 个关键指标与长寿沙田柚可溶性固形物含量年型等级关系制作散点图，并配回归方程，结果见图 4-1 至图 4-3。

图 4-1 说明：长寿沙田柚可溶性固形物含量年型等级 Y 与上一年 12 月 22 日至当年 1 月 15 日每日平均温度的平均（X_1）呈显著正相关关系；长寿沙田柚可溶性固形物含量年型等级 Y 随着 X_1 的增加而升高；回归方程为 $Y = 0.251\,5X_1^2 - 2.087\,0X_1 + 5.852\,5$（r=0.703*，n=12，$r_{0.05}$=0.576，$r_{0.01}$=0.708）。

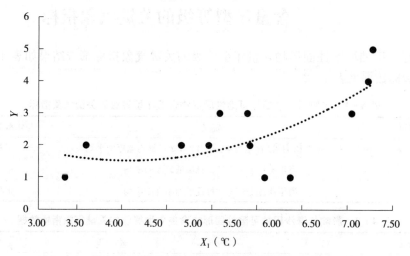

图 4-1 长寿沙田柚可溶性固形物含量年型等级 Y 与 X_1 的关系

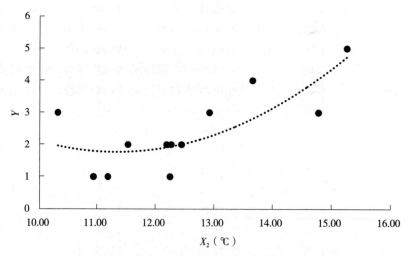

图 4-2 长寿沙田柚可溶性固形物含量年型等级 Y 与 X_2 的关系

图 4-2 说明：长寿沙田柚可溶性固形物含量年型等级 Y 与当年 4 月 1～15 日每日最低温度的平均（X_2）呈极显著正相关关系；长寿沙田柚可溶性固形物含量年型等级 Y 随

着 X_2 的增加而升高；回归方程为 $Y = 0.192\,0X_{22} - 4.350\,6X_2 + 26.419\,0$（$r = 0.789^{**}$，$n = 12$，$r_{0.05} = 0.576$，$r_{0.01} = 0.708$）。

图 4 - 3 说明：长寿沙田柚可溶性固形物含量年型等级 Y 与当年 6 月 1～15 日每日平均温度的平均（X_3）在 10% 水平下呈正相关关系；长寿沙田柚可溶性固形物含量年型等级 Y 随着 X_3 的增加而升高；回归方程为 $Y = 0.385\,5X_3^2 - 17.442\,0X_3 + 199.140\,0$（$r = 0.544$，$n = 12$，$r_{0.10} = 0.497$，$r_{0.05} = 0.576$，$r_{0.01} = 0.708$）。

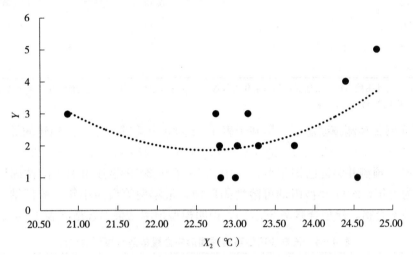

图 4 - 3　长寿沙田柚可溶性固形物含量年型等级 Y 与 X_3 的关系

第三节　长寿沙田柚可溶性固形物含量
年型等级多元回归预测模型

1. 多元回归预测模型　基于表 4 - 2 中的 3 个关键气象指标，对长寿 12 年已知沙田柚可溶性固形物含量年型等级 Y 与表 4 - 2 中的 X_1、X_2 和 X_3 进行三元回归，得到 $Y = -3.163\,3 + 0.325\,6X_1 + 0.488\,1X_2 - 0.100\,4X_3$（$r = 0.774^{**}$，$n = 12$，$r_{0.05} = 0.632$，$r_{0.01} = 0.765$）。

2. 多元回归预测模型自回归误差　表 4 - 3 表明：模型自回归预测误差 12 年中有 3 年预测不合格，在 ±1 个等级误差内的比例为 75.0%，预测模型不合格，

表 4 - 3　长寿沙田柚可溶性固形物含量年型等级预测模型自回归结果

年份	Y	Y'	预测误差
2005	2	1.70	−0.30
2006	1	2.43	1.43
2007	1	2.03	1.03
2008	4	3.40	−0.60
2009	2	2.13	0.13

（续）

年份	Y	Y'	预测误差
2010	3	1.63	−1.37
2011	2	1.66	−0.34
2012	2	2.48	0.48
2013	1	0.80	−0.20
2014	3	3.46	0.46
2015	3	3.13	0.13
2016	5	4.15	−0.85

注：表中 Y 为沙田柚当年可溶性固形物含量年型等级；Y' 为通过模型自回归预测的沙田柚当年可溶性固形物含量年型等级；预测误差＝$Y'-Y$。

3. 多元回归预测模型验证　用基于表 4-2 的 3 个关键气象指标构建的综合预测模型 $Y=-3.1633+0.3256X_1+0.4881X_2-0.1004X_3$（r＝0.774**，n＝12，$r_{0.05}$＝0.632，$r_{0.01}$＝0.765）预测并验证已知年型，其中 2018 年和 2019 年沙田柚可溶性固形物含量年型等级均为大年，2017 年沙田柚可溶性固形物含量年型等级为小年。验证结果，年型等级预测误差不合格，模型合格率 66.7%，说明模型预测结果不合格（表 4-4）。

表 4-4　长寿沙田柚可溶性固形物含量年型等级预测结果

年份	Y	Y'	预测误差
2017	1	4.43	3.43
2018	5	4.02	−0.98
2019	5	3.76	−1.24

4. 多元回归预测模型关键气象指标范围　由于多元回归预测模型不合格，因此无法确定关键气象指标范围。

第四节　长寿沙田柚可溶性固形物含量年型等级判别模型

表 4-5 为已知 15 年的数据（大年 3 年、偏大年 1 年、平年 3 年、偏小年 4 年、小年 4 年）。其中 2017 年、2018 年、2019 年作为验证年，不参与判别模型的构建。

表 4-5　长寿沙田柚可溶性固形物含量年型等级判别分析结果

年份	X_1（℃）	X_2（℃）	X_3（℃）	Y	Y'
2005	4.83	11.53	23.28	2	非大年和非偏大年
2006	5.89	12.25	22.99	1	非大年和非偏大年
2007	6.21	11.19	22.80	1	非大年和非偏大年
2008	7.19	13.66	24.39	4	大年、偏大年
2009	5.18	12.27	23.73	2	非大年和非偏大年

（续）

年份	X_1（℃）	X_2（℃）	X_3（℃）	Y	Y'
2010	5.67	10.32	20.85	3	非大年和非偏大年
2011	3.62	12.19	23.01	2	非大年和非偏大年
2012	5.70	12.45	22.79	2	非大年和非偏大年
2013	3.35	10.94	24.55	1	非大年和非偏大年
2014	5.32	14.78	23.15	3	非大年和非偏大年
2015	6.98	12.92	22.74	3	非大年和非偏大年
2016	7.24	15.26	24.80	5	大年、偏大年
2017	9.20	14.31	23.78	1	非大年和非偏大年
2018	7.76	14.85	25.83	5	大年、偏大年
2019	7.68	14.39	25.86	5	大年、偏大年

1. 多因素判别预测模型　判别模型构建方法：对已知年型 13 年的 3 个关键气象指标进行统计，得到：

（1）指标划分

①上一年 12 月 22 日至当年 1 月 15 日每日平均温度的平均（X_1）划分为两个标准：当 $X_1 > 7.0$（℃）时，为大年和偏大年；当 $X_1 \leqslant 7.0$（℃）时，为平年、偏小年和小年。

②当年 4 月 1～15 日每日最低温度的平均（X_2）划分为两个标准：当 $X_2 > 13.0$（℃）时，为大年和偏大年；当 $X_2 \leqslant 13.0$（℃）时，为平年、偏小年和小年。

③当年 6 月 1～15 日每日平均温度的平均（X_3）划分为两个标准：当 $X_3 > 24.0$（℃）时，为大年和偏大年；当 $X_3 \leqslant 24.0$（℃）时，为平年、偏小年和小年。

（2）8 个指标组合划分

①$X_1 > 7.0$、$X_2 > 13.0$、$X_3 > 24.0$，此时为大年和偏大年；

②$X_1 > 7.0$、$X_2 > 13.0$、$X_3 \leqslant 24.0$，此时为平年、偏小年和小年；

③$X_1 > 7.0$、$X_2 \leqslant 13.0$、$X_3 > 24.0$，此时平年；

④$X_1 > 7.0$、$X_2 \leqslant 13.0$、$X_3 \leqslant 24.0$，此时平年、偏小年和小年；

⑤$X_1 \leqslant 7.0$、$X_2 > 13.0$、$X_3 > 24.0$，此时平年；

⑥$X_1 \leqslant 7.0$、$X_2 > 13.0$、$X_3 \leqslant 24.0$，此时平年、偏小年和小年；

⑦$X_1 \leqslant 7.0$、$X_2 \leqslant 13.0$、$X_3 > 24.0$，此时平年、偏小年和小年；

⑧$X_1 \leqslant 7.0$、$X_2 \leqslant 13.0$、$X_3 \leqslant 24.0$，此时平年、偏小年和小年。

（3）样本中出现的 5 种组合

①$X_1 > 7.0$、$X_2 > 13.0$、$X_3 > 24.0$，此时为大年和偏大年；

②$X_1 > 7.0$、$X_2 > 13.0$、$X_3 \leqslant 24.0$，此时为平年、偏小年和小年；

⑥$X_1 \leqslant 7.0$、$X_2 > 13.0$、$X_3 \leqslant 24.0$，此时为平年、偏小年和小年；

⑦$X_1 \leqslant 7.0$、$X_2 \leqslant 13.0$、$X_3 > 24.0$，此时为平年、偏小年和小年；

⑧$X_1 \leqslant 7.0$、$X_2 \leqslant 13.0$、$X_3 \leqslant 24.0$，此时为平年、偏小年和小年。

有 3 种组合没有出现：

③$X_1 > 7.0$、$X_2 \leqslant 13.0$、$X_3 > 24.0$，此时为平年；

④$X_1 > 7.0$、$X_2 \leqslant 13.0$、$X_3 \leqslant 24.0$，此时为平年、偏小年和小年；

⑤$X_1 \leqslant 7.0$、$X_2 > 13.0$、$X_3 > 24.0$，此时为平年。

2. 多因素判别预测模型误差 应用表 4 - 5 中的 3 个判别条件判别：2 个调查为大年、偏大年年型的判别结果正确，10 个调查为非大年和非偏大年年型的判别结果正确。

3. 多因素判别预测模型验证 应用表 4 - 5 中的 3 个判别条件判别：2018 年和 2019 年均为大年、偏大年，2017 年为非大年和非偏大年，判别结果正确。

4. 多因素判别预测模型关键气象指标范围 长寿沙田柚可溶性固形物含量年型等级的关键气象指标范围：

①$X_1 > 7.0$、$X_2 > 13.0$、$X_3 > 24.0$，此时为大年和偏大年；

②$X_1 > 7.0$、$X_2 > 13.0$、$X_3 \leqslant 24.0$，此时为平年、偏小年和小年；

③$X_1 > 7.0$、$X_2 \leqslant 13.0$、$X_3 > 24.0$，此时为平年；

④$X_1 > 7.0$、$X_2 \leqslant 13.0$、$X_3 \leqslant 24.0$，此时为平年、偏小年和小年；

⑤$X_1 \leqslant 7.0$、$X_2 > 13.0$、$X_3 > 24.0$，此时为平年；

⑥$X_1 \leqslant 7.0$、$X_2 > 13.0$、$X_3 \leqslant 24.0$，此时为平年、偏小年和小年；

⑦$X_1 \leqslant 7.0$、$X_2 \leqslant 13.0$、$X_3 > 24.0$，此时为平年、偏小年和小年；

⑧$X_1 \leqslant 7.0$、$X_2 \leqslant 13.0$、$X_3 \leqslant 24.0$，此时为平年、偏小年和小年。

第五节 讨 论

本案例中：

①X_1 为"上一年 12 月 22 日至当年 1 月 15 日每日平均温度的平均"，此时沙田柚处于花芽分化初期，枝梢、根系停止生长，休眠期温度高时有利于花芽分化，有利于单产的形成[47-49]，单产越高可溶性固形物含量越高。

②X_2 为"当年 4 月 1~15 日每日最低温度的平均"，此时沙田柚处于第一次生理落果，早夏梢抽发期，温度高时有利于坐果[40]。

③X_3 为"当年 6 月 1~15 日每日平均温度的平均"，此时沙田柚处于果实膨大期，夏梢继续抽发至老熟期，温度高时有利于果实膨大[40]。

④本案例基于 3 个关键气象指标建立的判别模型，只能判别出大年、偏大年年型和非大年和非偏大年年型，由于气象条件的交叉影响和历史数据的局限性，目前无法准确对非大年年型作进一步判别。

第六节 结 论

影响长寿沙田柚可溶性固形物含量年型等级的关键气象指标有 3 个，即"上一年 12 月 22 日至当年 1 月 15 日每日平均温度的平均（X_1）"、"当年 4 月 1~15 日每日最低温度的平均（X_2）"、"当年 6 月 1~15 日每日平均温度的平均（X_3）"。

得到长寿沙田柚可溶性固形物含量年型等级判别预测模型：

①$X_1 > 7.0$、$X_2 > 13.0$、$X_3 > 24.0$，此时为大年和偏大年；

②$X_1 > 7.0$、$X_2 > 13.0$、$X_3 \leqslant 24.0$，此时为平年、偏小年和小年；

③$X_1 > 7.0$、$X_2 \leqslant 13.0$、$X_3 > 24.0$，此时为平年；

④$X_1 > 7.0$、$X_2 \leqslant 13.0$、$X_3 \leqslant 24.0$，此时为平年、偏小年和小年；

⑤$X_1 \leqslant 7.0$、$X_2 > 13.0$、$X_3 > 24.0$，此时为平年；

⑥$X_1 \leqslant 7.0$、$X_2 > 13.0$、$X_3 \leqslant 24.0$，此时为平年、偏小年和小年；

⑦$X_1 \leqslant 7.0$、$X_2 \leqslant 13.0$、$X_3 > 24.0$，此时为平年、偏小年和小年；

⑧$X_1 \leqslant 7.0$、$X_2 \leqslant 13.0$、$X_3 \leqslant 24.0$，此时为平年、偏小年和小年。

第五章 广西桂林沙田柚可溶性固形物
含量年型等级预测模型

第一节 影响桂林沙田柚可溶性固形物
含量年型等级的关键气象指标

对桂林沙田柚可溶性固形物含量年型等级的关键气象指标筛选结果如表5-1所示，关键气象指标数据见表5-2。

表5-1 影响桂林沙田柚可溶性固形物含量年型等级的关键气象指标

变量和单位	定义	与年型等级关系
X_1（h）	当年6月1日至7月10日每日日照时数的累计	负相关
X_2（℃）	当年8月1日至9月30日每日最低温度的平均	正相关

表5-2 影响桂林沙田柚可溶性固形物含量年型等级气象指标的数据

年份	X_1（h）	X_2（℃）	Y	年份	X_1（h）	X_2（℃）	Y
1990	205.20	24.80	2	2005	161.10	24.99	3
1991	179.60	24.70	3	2006	166.70	25.07	3
1992	190.30	24.19	3	2007	181.20	25.63	4
1993	132.80	25.01	3	2008	154.70	25.23	4
1994	227.20	24.21	2	2009	176.60	25.41	4
1995	164.00	24.87	3	2010	114.10	26.10	4
1996	193.80	24.30	3	2011	168.10	25.73	4
1997	123.40	24.00	3	2012	145.80	25.38	4
1998	93.70	25.35	5	2013	201.20	25.86	3
1999	200.60	24.52	3	2014	161.30	25.38	4
2000	216.60	24.55	2	2015	112.60	24.54	3
2001	204.40	24.71	2	2016	200.70	26.16	4
2002	182.60	24.09	3	2017	64.90	25.57	5
2003	196.00	25.96	4	2018	148.40	26.00	5
2004	208.50	24.31	2	2019	121.70	26.15	5

注：表中 Y 为沙田柚当年可溶性固形物含量年型等级，共分为5级。1为年型等级小年，5为年型等级大年；合计30年，其中，2015年、2016年、2019年3年作为验证年，不参与建模。

第二节 桂林沙田柚可溶性固形物含量年型 等级与关键气象指标关系模型

对表5-2中影响桂林沙田柚可溶性固形物含量年型等级的3个关键指标与桂林沙田柚可溶性固形物含量年型等级关系制作散点图，并配回归方程，结果分别见图5-1、图5-2。

图5-1说明：桂林沙田柚可溶性固形物含量年型等级Y与当年6月1日至7月10日每日日照时数的累计（X_1）呈极显著负相关关系；桂林沙田柚可溶性固形物含量年型等级Y随着X_1的增加而降低；回归方程为$Y=-0.000\,08X_1^2+0.005\,6X_1+4.669\,7$（$r=-0.747^{**}$，$n=27$，$r_{0.05}=0.381$，$r_{0.01}=0.487$）。

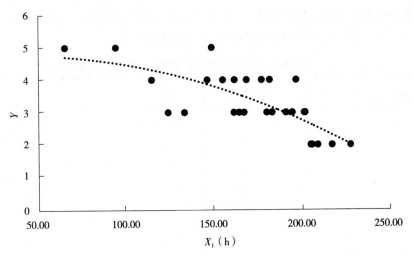

图5-1 桂林沙田柚可溶性固形物含量年型等级Y与X_1的关系

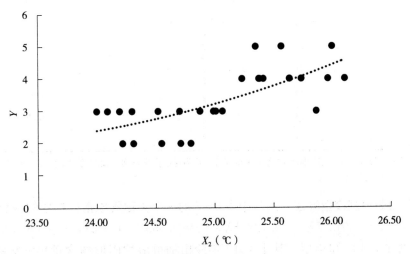

图5-2 桂林沙田柚可溶性固形物含量年型等级Y与X_2的关系

图5-2说明：桂林沙田柚可溶性固形物含量年型等级Y与当年8月1日至9月30日

每日最低温度的平均（X_2）呈极显著正相关关系；桂林沙田柚可溶性固形物含量年型等级 Y 随着 X_2 的增加而升高；回归方程为 $Y=0.195\,2X_2^2-8.749\,9X_2+99.964\,0$（$r=0.713^{**}$，$n=27$，$r_{0.05}=0.381$，$r_{0.01}=0.487$）。

第三节 桂林沙田柚可溶性固形物含量年型等级多元回归预测模型

1. 多元回归预测模型 基于表 5-2 中的两个关键气象指标，对桂林 27 年已知沙田柚可溶性固形物含量年型等级 Y 与表 5-2 中的 X_1、X_2 进行二元回归，得到 $Y=-12.580\,1-0.012\,8X_1+0.722\,1X_2$（$r=0.863^{**}$，$n=27$，$r_{0.05}=0.388$，$r_{0.01}=0.496$）。

2. 多元回归预测模型自回归误差 表 5-3 表明：模型自回归预测误差 27 年均预测合格，在 ±1 个等级误差内的比例为 100.0%，预测模型合格。

表 5-3 桂林沙田柚可溶性固形物含量年型等级预测模型自回归结果

年份	Y	Y'	预测误差	年份	Y	Y'	预测误差
1990	2	2.70	0.70	2004	2	2.30	0.30
1991	3	2.96	−0.04	2005	3	3.40	0.40
1992	3	2.45	−0.55	2006	3	3.39	0.39
1993	3	3.78	0.78	2007	4	3.61	−0.39
1994	2	2.00	0.00	2008	4	3.66	−0.34
1995	3	3.28	0.28	2009	4	3.51	−0.49
1996	3	2.48	−0.52	2010	4	4.81	0.81
1997	3	3.17	0.17	2011	4	3.85	−0.15
1998	5	4.52	−0.48	2012	4	3.88	−0.12
1999	3	2.56	−0.44	2013	3	3.52	0.52
2000	2	2.37	0.37	2014	4	3.68	−0.32
2001	2	2.65	0.65	2017	5	5.05	0.05
2002	3	2.48	−0.52	2018	5	4.29	−0.71
2003	4	3.66	−0.34				

注：表中 Y 为沙田柚当年可溶性固形物含量年型等级；Y' 为通过模型自回归预测的沙田柚当年可溶性固形物含量年型等级；预测误差 $=Y'-Y$。

3. 多元回归预测模型验证 用基于表 5-2 的 3 个关键气象指标构建的综合预测模型 $Y=-12.580\,1-0.012\,8X_1+0.722\,1X_2$（$r=0.863^{**}$，$n=27$，$r_{0.05}=0.388$，$r_{0.01}=0.496$）预测并验证已知年型，其中 2015 年沙田柚可溶性固形物含量年型等级为平年，2016 年、2019 年沙田柚可溶性固形物含量年型等级为偏大年和大年。验证结果年型等级预测误差合格，说明模型预测结果合格（表 5-4）。

表 5 - 4　桂林沙田柚可溶性固形物含量年型等级预测结果

年份	Y	Y'	预测误差
2015	3	3.70	0.70
2016	4	3.74	−0.26
2019	5	4.74	−0.26

4. 多元回归预测模型关键气象指标范围　表 5 - 5 为桂林沙田柚最佳气象指标范围。

表 5 - 5　桂林沙田柚最佳气象指标范围

指标	大年 (n=4)	偏大年 (n=9)	平年 (n=12)	偏小年 (n=5)	小年 (n=0)
X_1 (h)	64.90~148.40	114.10~200.70	112.60~201.20	204.40~227.20	—
X_2 (℃)	25.35~26.15	25.23~26.16	24.00~25.86	24.21~24.80	—

第四节　桂林沙田柚可溶性固形物含量年型等级判别模型

表 5 - 6 为已知 30 年的数据（大年 4 年、偏大年 9 年、平年 12 年、偏小年 5 年、小年 0 年）。其中 2015 年、2016 年、2019 年作为验证年，不参与判别模型的构建。

表 5 - 6　桂林沙田柚可溶性固形物含量年型等级判别分析结果

年份	X_1 (h)	X_2 (℃)	Y	Y'
1990	205.20	24.80	2	偏小年
1991	179.60	24.70	3	平年
1992	190.30	24.19	3	平年
1993	132.80	25.01	3	平年
1994	227.20	24.21	2	偏小年
1995	164.00	24.87	3	平年
1996	193.80	24.30	3	平年
1997	123.40	24.00	3	平年
1998	93.70	25.35	5	大年或偏大年
1999	200.60	24.52	3	平年
2000	216.60	24.55	2	偏小年
2001	204.40	24.71	2	偏小年
2002	182.60	24.09	3	平年
2003	196.00	25.96	4	大年或偏大年
2004	208.50	24.31	2	偏小年
2005	161.10	24.99	3	平年
2006	166.70	25.07	3	平年

（续）

年份	X_1 (h)	X_2（℃）	Y	Y'
2007	181.20	25.63	4	大年或偏大年
2008	154.70	25.23	4	大年或偏大年
2009	176.60	25.41	4	大年或偏大年
2010	114.10	26.10	4	大年或偏大年
2011	168.10	25.73	4	大年或偏大年
2012	145.80	25.38	4	大年或偏大年
2013	201.20	25.86	3	平年
2014	161.30	25.38	4	大年或偏大年
2015	112.60	24.54	3	平年
2016	200.70	26.16	4	大年或偏大年
2017	64.90	25.57	5	大年或偏大年
2018	148.40	26.00	5	大年或偏大年
2019	121.70	26.15	5	大年或偏大年

1. 多因素判别预测模型　判别模型构建方法：对已知年型 27 年的 2 个关键气象指标进行统计，得到：

（1）指标划分

①当年 6 月 1 日至 7 月 10 日每日日照时数的累计（X_1）划分为两个标准：当 $X_1 <$ 201.0（h）时，为大年和偏大年；当 $X_1 \geqslant 201.0$（h）时，为平年和偏小年。

②当年 8 月 1 日至 9 月 30 日每日最低温度的平均（X_2）划分为两个标准：当 $X_2 >$ 25.2（℃）时，为大年和偏大年；当 $X_2 \leqslant 25.2$（℃）时，为平年和偏小年。

（2）4 个指标组合划分

① $X_1 < 201.0$、$X_2 > 25.2$，此时为大年或偏大年；

② $X_1 < 201.0$、$X_2 \leqslant 25.2$，此时为平年；

③ $X_1 \geqslant 201.0$、$X_2 > 25.2$，此时为平年；

④ $X_1 \geqslant 201.0$、$X_2 \leqslant 25.2$，此时为偏小年。

（3）样本中出现了上述的 4 个指标组合。

2. 多因素判别预测模型误差　应用表 5 - 6 中的 2 个判别条件判别：11 个调查为大年、偏大年年型的判别结果正确，11 个调查为平年年型的判别结果正确，5 个调查为偏小年年型的判别结果正确。

3. 多因素判别预测模型验证　应用表 5 - 6 中的 3 个判别条件判别：2016 和 2019 年均为大年或偏大年，2015 为平年，判别结果正确。

4. 多因素判别预测模型关键气象指标范围　桂林沙田柚可溶性固形物含量年型等级的关键气象指标范围：

① $X_1 < 201.0$、$X_2 > 25.2$，此时为大年或偏大年；

② $X_1 < 201.0$、$X_2 \leqslant 25.2$，此时为平年；

③$X_1 \geqslant 201.0$、$X_2 > 25.2$，此时为平年；

④$X_1 \geqslant 201.0$、$X_2 \leqslant 25.2$，此时为偏小年。

第五节　讨　论

本案例中：

①X_1为"当年 6 月 1 日至 7 月 10 日每日日照时数的累计"，此时沙田柚处于第二次生理落果至果实迅速膨大期，日照时数过多时落果严重，不利于单产的形成，单产高时可溶性固形物含量高[77]。

②X_2为"当年 8 月 1 日至 9 月 30 日每日最低温度的平均"，此时沙田柚处于果实迅速膨大和果实陆续着色成熟期，温度高时有利于糖分的积累和转化[49,77]。

③本案例基于 2 个关键气象指标建立的判别模型，只能判别出大年、偏大年年型和非大年和非偏大年年型，由于气象条件的交叉影响和历史数据的局限性，目前无法准确对非大年年型作进一步的判别。

第六节　结　论

影响桂林沙田柚可溶性固形物含量年型等级的关键气象指标有两个，即"当年 6 月 1 日至 7 月 10 日每日日照时数的累计（X_1）"、"当年 8 月 1 日至 9 月 30 日每日最低温度的平均（X_2）"。

得到桂林沙田柚可溶性固形物含量年型等级判别预测模型：

①$X_1 < 201.0$、$X_2 > 25.2$，此时为大年或偏大年。

②$X_1 < 201.0$、$X_2 \leqslant 25.2$，此时为平年。

③$X_1 \geqslant 201.0$、$X_2 > 25.2$，此时为平年。

④$X_1 \geqslant 201.0$、$X_2 \leqslant 25.2$，此时为偏小年。

第六章 沙田柚可溶性固形物含量年型等级预测模型综合研究

从4个地区研究案例分析,沙田柚可溶性固形物含量年型等级未出现间隔特征,因此土壤养分供应并非是造成年型等级波动的主要原因,说明气象条件是沙田柚可溶性固形物含量年型等级波动的主要影响因素。

沙田柚结果树物候期的月历如下:①1月花芽分化期;②2月花芽形态分化期;③3月春梢抽生期、现蕾、开花、第一次生理落果期;④4月春梢老熟期、第一次生理落果期;⑤5月夏梢抽发期、生理落果期;⑥6月夏梢抽发期、生理落果期、果实迅速膨大期;⑦7月第二次生理落果和果实迅速膨大期;⑧8月第二次生理落果和果实迅速膨大期;⑨9月果实继续膨大、花芽开始生理分化期;⑩10月果实陆续着色成熟期;⑪11月花芽分化初期;⑫12月花芽分化期。

第一节 多元回归预测模型和判别预测模型的异同点

多元回归预测模型和判别预测模型是两种预测模型方法,使用的关键气象指标相同,多元回归预测模型可以给出数字化年型,判别预测模型只能给出确定性年型,前者属于定量预测,后者属于半定量预测,两种预测方法可以互相验证。对于固定的案例可以优选1种或2种同时使用。

一般地,多元回归预测模型建模样本比较少(比如10年以内)和因变量(Y)的档次较少(比如只有1和5两个档次)时,多元回归预测模型的精度较低,原因是样本少时包括的可能出现的气象年型少,预测时如果出现建模时未包括的气象年型,预测的误差就比较大,而建模时只有1和5两个等级,使得函数不平滑,预测时也容易出现较大的误差。

一般地,判别预测模型建模样本比较少(比如10年以内)和因变量(Y)的档次较少(比如只有1和5两个档次)时,判别模型预测精度高低取决于大年和小年的关键气象指标范围是否重叠,如果不重叠,模型预测的精度就较高;反之就较低。

一般地,多元回归预测模型的精度较高时,判别预测模型的精度也较高,而多元回归预测模型的精度不高时,判别预测模型的精度未必不高,所以,针对年型少和因变量档次少的情况,判别预测模型一般优于多元回归预测模型。

第二节　中国 4 个沙田柚产区可溶性固形物含量年型等级预测模型指标体系

中国 4 个沙田柚产区可溶性固形物含量年型等级指标体系见表 6-1。其中，温度指标出现 5 次，其他 3 个指标均出现 2 次，可见温度对沙田柚可溶性固形物含量年型等级影响大。

表 6-1　中国 4 个沙田柚产区可溶性固形物含量年型等级预测模型指标体系

产区	模型指标和相关性
广西容县	当年 9 月 22 日至 10 月 31 日每日降水量的累计 X_1（mm）（负相关） 当年 9 月 22 日至 10 月 31 日每日最小相对湿度的平均 X_2（%）（负相关） 当年 10 月 1～31 日每日日照时数的累计 X_3（h）（正相关）
广东梅州	当年 5 月 1 日至 6 月 5 日每日降水量的累计 X_1（mm）（正相关） 当年 7 月 22 日至 9 月 30 日每日相对湿度的平均 X_2（%）（负相关）
重庆长寿	上一年 12 月 22 日至当年 1 月 15 日每日平均温度的平均 X_1（℃）（正相关） 当年 4 月 1～15 日每日最低温度的平均 X_2（℃）（正相关） 当年 6 月 1～15 日每日平均温度的平均 X_3（℃）（正相关）
广西桂林	当年 6 月 1 日至 7 月 10 日每日日照时数的累计 X_1（h）（负相关） 当年 8 月 1 日至 9 月 30 日每日最低温度的平均 X_2（℃）（正相关）

第三节　关键气象指标空间分布规律

表 6-2 为 4 个沙田柚产区可溶性固形物含量年型等级预测模型气象指标出现时间。可见 4 个地区在温度、湿度、日照时数、降水量 4 项气象指标上没有完全一致的趋势；不同地区影响沙田柚可溶性固形物含量年型等级的气象指标及其出现时间不同，因此不同地区需要建立不同的预测指标体系和模型。

表 6-2 中，正相关的指标代表在该段时间内不足，负相关的指标代表在该段时间内过剩。4 个产区不利于可溶性固形物含量年型高等级的气象指标如下：

广西容县：9～10 月降水多和湿度大、10 月日照时数少。

广东梅州：5～6 月降水量少、7～9 月湿度过大。

重庆长寿：上一年 12 月至当年 1 月温度低、4 月温度低、6 月温度低。

广西桂林：6～7 月日照时数多、7～8 月温度低。

表 6-2　中国 4 个沙田柚产区可溶性固形物含量年型等级预测模型指标出现情况

地区	指标	上年 12 月 至当年 1 月	4 月	5 月	6 月	7 月	8 月	9 月	10 月
广西容县	温度								
	湿度							−	−
	日照时数								+
	降水量							−	−

（续）

地区	指标	上年 12 月 至当年 1 月	4 月	5 月	6 月	7 月	8 月	9 月	10 月
广东梅州	温度					−	−	−	
	湿度								
	日照时数								
	降水量			+	+				
重庆长寿	温度	+	+		+				
	湿度								
	日照时数								
	降水量								
广西桂林	温度						+	+	
	湿度				−	−			
	日照时数								
	降水量								

下篇　沙田柚蜜味和香气与产生物质关系及其预测模型

第七章 沙田柚蜜味和香气与产生物质关系研究概况

第一节 研究概况

　　沙田柚（*Citrus grandis*）酸甜适中，含有丰富的糖类、有机酸、维生素、黄酮等营养成分[56]。曾宪录等[57]选取果皮香气、果肉香气、果粒饱满度、多汁度、化渣度、甜度、酸度和苦味 8 个感官属性，分析感官评定结果与理化指标的相关性。研究发现，可溶性糖含量与甜度（r＝0.182）、多汁度（r＝0.182）、总酚（r＝0.202）呈极显著正相关。总酸度与化渣度（r＝0.183）呈极显著正相关，与甜度（r＝－0.174）及果粒饱满度（r＝－0.168）呈极显著负相关。维生素 C 含量与果肉香气（r＝0.198）、化渣度（r＝0.195）呈极显著正相关。灰分含量与甜度（r＝0.237）、果肉香气（r＝0.196）、总酚（r＝0.193）呈极显著正相关，与果皮香气（r＝0.156）、多汁度（r＝0.143）呈显著正相关。果实的香气源于某些挥发性物质，高效液相色谱法具有分离效能高、选择性好、分析速度快等特点，因此较多学者用这种方法来检测沙田柚果实物质[58]。黄春霞等[59]采用高效液相色谱法对不同产地沙田柚果实不同部位的柚皮苷、柠檬苦素和诺米林含量进行了测定，研究发现，沙田柚果实中苦味物质主要以柚皮苷为主，且不同组织各苦味物质含量不同，柚皮苷在中果皮和囊衣的含量较高，柠檬苦素和诺米林在种子和外果皮中的含量较高，汁胞中各苦味物质含量均较少。丘秀珍[60]用反相高效液相色谱法建立梅州沙田柚果肉正己烷和乙酸乙酯提取物的指纹图谱，研究发现，采用 HPLC 指纹图谱检测技术可有效地鉴别沙田柚的种类。

　　有关沙田柚挥发性物质的组成研究较多[61-63]。目前，已鉴定出的柑橘挥发性物质超过 200 种，主要为萜烯、醇类、酯类、醛类和酮类[64]。据报道[65]，广西沙田柚果肉中检测到的主要挥发性物质有乙酸乙酯、癸酸乙酯、甲酸辛酯、辛酸乙酯、苯乙烯、己醛和甲基异丁基酮等，分别占其挥发性物质总量的 81.80%、3.76%、2.65%、2.65%、2.53%、1.50% 和 1.19%，其余均不足总量的 1%。洪鹏等[66]运用感官评价和气相色谱质谱联用仪（GC-MS）研究琯溪蜜柚、沙田柚和梁平柚果皮精琯油的香味特征和挥发性成分，在琯溪蜜柚、沙田柚和梁平柚果皮精油中鉴定出 18 种香气活性物质，其中香叶醛、β-月桂烯、乙酸香叶酯、d-柠檬烯、沉香醇、癸醛、橙花醛等物质对柚皮精油香气品质起重要贡献作用，而壬醛、Z-氧化柠檬烯、E-氧化柠檬烯和橙花醇只存在于琯溪蜜柚精油中。李俭等[67]以相似种植环境的 3 种柚子品种的果皮为材料，利用蒸馏法提取精油，使用气相色谱质谱联用仪对精油成分进行鉴定和分析，并使用 SIMCA14.0 对试验数据进行预处理、主成分分析和正交偏最小二乘法判别分析，结合使用 SPSS22.0 进行 t 检验和聚类分析，结果发现，水晶柚和练家柚亲缘关系较近，沙田柚作为南康当地种植多年的品种，从精油成分数量上看，要比水晶柚和练家柚更为复杂，但水晶柚和练家柚具有浓郁的香气，可见柚子风味并不由精油成分数量决定，而是由成分的相对含量和成分本身的性质决定。陈婷婷[68]以我国主要栽培柑橘品种为研究对象，利用先进的 GC-MS 技术对柑橘果实香气物质进行系统地分析、鉴定，通过 OAV 法和多元分析，明确了对不同类型柑橘果实香气品质起重要贡献作用的香气物质，最后，通过多元分析方法建立柑橘果实香气品质评价模型，可以实现能量化样品间香气品质的差异。

目前，多元分析法已经在食品中得到广泛的应用[69-71]。宋诗清等[72]将金佛手果实中确定出的 23 种香气活性物质（OAV＞1）结合偏最小二乘回归分析（Partial least squares-discriminant analysis，PLS-DA）发现，d-柠檬烯、香叶醇、γ-松油烯、柠檬醛、芳樟醇等物质对金佛手香气品质贡献较高。郝丽宁等[73]利用 PCA 和 HCA 法区分了 12 个品种黄瓜的风味品质。岳田利等[74]将香气活性物质作为评价指标，利用 PCA 法建立了一个评价苹果酒香气质量的模型，并对 12 种苹果酒进行了香气品质评价，其结果与感官评价一致。赵华武等[75]报道，将香气物质作为变量，利用 PCA 法建立了烤烟香气品质评价的模型，并对 20 种烤烟样品进行评价，其评价结果与感官评价一致。同样，郭丽等[76]以醇类物质、醛类物质、酮类物质、酯类物质、酚类物质、碳氢物质和其他物质这 7 类香气物质作为评价指标，通过 PCA 法建立了白茶的香气质量模型，发现 W6 样品香气质量最佳，与感官评价结果一致。

第二节　研究对象

以广西容县沙田柚为例，测定与沙田柚蜜味和香气相关的各类物质，通过各类物质与蜜味和香气等级相关性筛选关键物质，然后构建沙田柚蜜味和香气预测模型，包括单一指标预测模型和多元回归预测模型。

第三节　研究方法

1. 研究目标　以容县沙田柚为研究对象，对果肉蜜味和柚果（果皮）香气产生物质进行系统研究，旨在确定影响沙田柚蜜味和香气的物质，并对这些物质与栽培条件之间的关系进行分析，为提高蜜味和香气栽培措施的制定提供科学依据。

2. 研究内容

①测定收获时和不同存放时间的果肉蜜味和柚果香气物质，对这些物质与果肉蜜味等级和柚果香气等级关系进行相关分析，筛选相关系数显著和极显著的物质构建果肉蜜味等级和柚果香气等级的多元线性预测模型；②对果肉蜜味和柚果香气产生物质之间进行相关性分析；③对栽培条件与果肉蜜味等级和柚果香气等级进行相关性或对比分析，确定影响果肉蜜味等级和柚果香气等级的下垫面条件；④对果肉蜜味等级和柚果香气等级进行相关性分析，确定通过柚果香气等级（从整个柚子外部嗅觉）推断果肉蜜味等级（柚子内部口

感）的实用、简易鉴别方法；⑤对存放时间与果肉蜜味等级和柚果香气等级关系进行分析，确定最长（安全）存放时间。

为完成上述研究目标和研究内容，制定本研究方案，包括采样、测试项目、测试时间、测试方法、统计方法等。

3. 采样　于 2021 年 11 月 16～23 日容县沙田柚收获季，在容县沙田柚主产区的容州、石寨、自良、松山、罗江、浪水、十里、六王、县底、灵山、杨梅、杨村 12 个乡镇 30 个村的不同沙田柚果农果园，选取典型代表性柚树布置采样点 56 个，分别采集柚果。每个采样点的果园选择代表性柚树分别采集 10 颗柚果。

4. 测试项目　每个样本测试以下内容：①柚果果肉可溶性固形物；②果肉蜜味和柚皮香气（等级）；③果皮芳香挥发性化合物；④果肉中有机酸化合物；⑤果肉中维生素 C；⑥果肉还原性糖；⑦果肉总氨基酸、可滴定酸；⑧果肉和果皮总酚、总黄酮；⑨果肉和果皮总蛋白质；⑩果形指数。

5. 测试时间　在全部完成 56 个点采样的 2021 年 11 月 23 日，针对 56 个采样点的 56 个柚果进行果肉蜜味和柚果香气的第一次检测，而后分别于 2021 年 11 月 23 日采摘完成后的第 3、5、7、10、12、14 周，即 2021 年的 12 月 8 日、12 月 24 日，及 2022 年的 1 月 10 日、1 月 26 日、2 月 10 日、2 月 25 日，从 56 个采样点中剩余待检测沙田柚中随机抽取柚果进行检测，检测项目包括可溶性固形物、果肉蜜味、柚果香味 3 个指标以及第一批次柚果所有项目指标，采取 56 个柚样全部检测。

6. 测试方法

（1）柚果蜜味和柚果香气等级划分　对所采集的 56 个样点的柚果，由对柚果蜜味和香气敏感的技术人员检测，划分为 4 个等级。其中柚果蜜味 1 级为没有蜜味，柚果蜜味 2 级为蜜味轻淡，柚果蜜味 3 级为蜜味中等，柚果蜜味 4 级为蜜味浓郁；其中柚皮香味 1 级为没有香气，柚皮香味 2 级为香气轻淡，柚皮香味 3 级为香气中等，柚皮香味 4 级为香气浓郁。

（2）柚果果皮中芳香性化合物的测定　将柚子用自来水洗净、晾干，取新鲜外果皮，用组织搅碎机搅碎后，准确称取约 10.0g 置于锥形瓶中，加入 15ml 二氯甲烷，在超声波冰水浴中提取 30min，过滤，收集滤液于 25ml 试剂瓶中。滤渣用 15ml 二氯甲烷重复提取 1 次，合并滤液。将滤液 4 000r/min 离心后取上层清液用无水硫酸钠干燥，干燥后的样品转移到试管中，用氮吹仪吹干除去溶剂，然后向试管中加入 10ml 二氯甲烷溶解成样品溶液。样品溶液用 $0.22\mu m$ 滤膜过滤后，用于芳香性挥发物测试。

挥发物分析：用配备有安捷伦 HP-5MS（$30.0m \times 250\mu m \times 0.25\mu m$）色谱柱的安捷伦气相色谱质谱联用仪 6890N-5975C 进行。进样口温度 250℃，氦气做载气，流速 1.0ml/min，采取不分流模式。电子能量 70eV，进样体积 $1\mu l$。升温程序如下：50℃ 保持 1min；3℃/min 升至 95℃；5℃/min 升至 225℃；3℃/min 升至 240℃，保持 30min。在与样品分析完全相同的实验条件下，测试正构烷烃标准混合物（C7-C40），计算每个化合物的相对保留指数 LRI 值。通过质谱库（NIST 8.0 MS）谱库检索，通过与标准化合物和参考文献的 LRI 值比较，对化合物进行联合定性，通过计算各化合物的面积百分比来进行半定量分析。

（3）柚果果肉中有机酸化合物的测定　将果肉用组织搅碎机搅碎后，准确称取约 3.0g 果肉匀浆放入 100ml 梨形烧瓶中，向烧瓶中加入 10ml 10% 的硫酸甲醇溶液，室温下反应 24h。向反应混合物中加入 5ml 饱和 NaCl 水溶液和 5ml 正己烷，室温下以 2 000r/min 离心 10min，弃去水相，有机相用氮吹仪吹干溶剂后溶于 1ml 正己烷中，用 0.22μm 膜过滤器过滤后，用于有机酸的气质分析，有机酸包括柠檬酸、苹果酸、棕榈酸和亚油酸。

有机酸的气质分析：用配备有安捷伦 HP-5MS（30.0m×250μm×0.25μm）色谱柱的安捷伦气相色谱质谱联用仪 6890N-5975C 进行。进样口温度 250℃，氦气做载气，流速 1.0ml/min，采取不分流模式。电子能量 70eV，进样体积 1μl。升温程序如下：50℃ 保持 2min，然后以 10℃/min 升至 240℃，保持 5min。通过质谱库（NIST 8.0 MS）检索，通过与标准品的 LRI 值比较，对化合物进行联合定性，通过标准曲线法计算各有机酸的含量。

（4）柚果果肉中维生素 C 的测定　取新鲜果肉用组织搅碎机搅碎后，准确称取约 10.0g 果肉匀浆置于锥形瓶中，加入 15ml pH 2.65 的磷酸水溶液，在超声波水浴中提取 30min，过滤，收集滤液于 50ml 容量瓶中。滤渣用 15ml pH 2.65 磷酸水溶液重复提取 1 次，合并滤液于同一 50ml 容量瓶中，用提取溶剂稀释定容至刻度，摇匀，用 0.22μm 膜过滤器过滤后，用于维生素 C 的液相色谱分析。

液相色谱分析：用配备有两个岛津 LC-20AR 高压泵，一个 SIL-10AP 自动进样器，一个 CTO-20A 柱温箱，一个 SPD-M20A 光电二极管阵列检测器，一个 inertmaintain C18 色谱柱（4.6mm×250mm，5μm）的岛津高效液相色谱仪系统进行。柱温为 40℃，进样量为 10μl，分析波长为 245nm。流动相为甲醇（A）和含磷酸盐水溶液（B，pH 2.60）（A∶B=1∶9，v/v）的混合溶液，流速为 1.0ml/min。用标准曲线法对维生素 C 进行定量分析。维生素 C 含量以 mg/100g 食用部分（缩写为 mg/100g EP）表示。

（5）柚果果肉中还原性糖的测定　取新鲜果肉用组织搅碎机搅碎后，准确称取约 10.0g 果肉匀浆置于锥形瓶中，加入 15ml 水在超声波水浴中提取 30min，过滤，收集滤液于 50ml 容量瓶中。滤渣用 15ml 水重复提取 1 次，合并滤液于同一 50ml 容量瓶中，用提取溶剂稀释定容至刻度，摇匀，用 0.22μm 膜过滤器过滤后，用于还原性糖的液相色谱分析。还原糖包括蔗糖、果糖和葡萄糖。

液相色谱分析：用配备有两个岛津 LC-20AR 高压泵，一个 SIL-10AP 自动进样器，一个 CTO-20A 柱温箱，一个 ELSD-LT II 蒸发光散射检测器，一个安捷伦 ZORBAX 糖分析柱（4.6mm×250mm，5μm）的岛津高效液相色谱仪系统进行。柱温为 40℃，进样量为 10μl。流动相为乙腈（A）和水（B），流动性梯度为 0～10min，80% A；10～18min，60% A。流速 1.4ml/min。检测在 40℃、增益 6、压力 340 kPa 下进行。用标准曲线法对糖含量进行定量分析。糖含量以 mg/100g 食用部分（缩写为 mg/100g EP）表示。

（6）柚果果肉中总氨基酸、可滴定酸的测定

①总氨基酸：第一批样品共 56 个，选出两片完整果肉，将其外送齐一生物科技（上海）有限公司检测。使用氨基酸（amino acid，AA）含量测定试剂盒，氨基酸的 a-氨基

可与水合茚三酮反应，产生蓝紫色化合物，在570nm有特征吸收峰；通过测定570nm吸光度计算氨基酸含量。

②可滴定酸：准确称取2.0g新鲜果肉放入烧杯中，向烧杯中加入25ml刚煮沸的蒸馏水提取30min，用0.020 04mol/L氢氧化钠标准溶液滴定至pH 8.1，30s不变即是终点。空白以30ml刚煮沸的蒸馏水放置30min，用0.020 04mol/L氢氧化钠标准溶液滴定至pH 8.1，30s不变即是终点。

$$可滴定酸含量（\%）= \frac{V \times c \times (V_1 - V_0) \times f}{V_S \times m} \times 100$$

式中：V——样品提取液总体积，ml；

　　　V_S——滴定时所取滤液体积，ml；

　　　c——氢氧化钠滴定液摩尔浓度，mol/L；

　　　V_1——滴定滤液消耗的NaOH溶液毫升数；

　　　V_0——滴定蒸馏水消耗的NaOH溶液毫升数；

　　　m——样品质量，g；

　　　f——柠檬酸折算系数，0.064g/mmoL。

（7）柚果果肉、果皮中总酚、总黄酮的测定　取外果皮或新鲜果肉，用组织搅碎机搅碎后，准确称取约10.0g置于锥形瓶中，加入15ml 70%乙醇水溶液，在超声波水浴中提取30min，过滤，收集滤液于50ml容量瓶中。滤渣用15ml 70%乙醇水溶液重复提取1次，合并滤液于同一50ml容量瓶中，用提取溶剂稀释定容至刻度，摇匀，用于总黄酮和总酚的分析。

总黄酮的分析：取0.3ml柚皮提取液（果肉提取液取2.5ml）于10ml离心管中，加入纯水2.2ml（空白加2.5ml水），混匀，加入0.2ml 5% NaNO_2，混匀后反应5min，加入0.2ml 10%Al（NO_3）_3摇匀后反应6min，加入2ml 1mol/L NaOH溶液，再加入0.1ml纯水定容至5ml，摇匀后反应15min，在500nm处测其吸光度。以芦丁做标准品配制标准曲线，用标准曲线法计算样品中的总黄酮含量，总黄酮含量以mg/100g食用部分（缩写为mg/100g EP）表示。

总酚的测定：根据样品浓度准确吸取一定体积的样品溶液，加水使溶液体积至1.0ml，加入250μl斐林试剂，混匀后，暗处反应5min，加入1.0ml 5% Na_2CO_3混匀，在50℃水浴锅中反应30min，在765nm处测定其吸光度。以没食子酸做标准品配制标准曲线，用标准曲线法计算样品中的总酚含量，总酚含量以mg/100g食用部分（缩写为mg/100g EP）表示。

（8）柚果果肉中总蛋白质含量的测定　取新鲜果肉用组织搅碎机搅碎后，准确称取约2.0g果肉匀浆置于锥形瓶中，加入15ml水在超声波水浴中提取30min，过滤，收集滤液于50ml容量瓶中。滤渣用15ml水重复提取1次，合并滤液于同一50ml容量瓶中，用水稀释定容至刻度，摇匀后用于蛋白质分析。

根据样品浓度准确吸取一定体积样品溶液，加水使溶液体积至8.0ml，加入4ml 0.1mg/ml考马斯亮蓝溶液，混合后反应5min，在595nm处测试其吸光度。以牛血清白蛋白做标准品配制标准曲线，用标准曲线法计算样品中的蛋白质含量，蛋白质含量以

mg/100g 食用部分（缩写为 mg/100g EP）表示。

（9）果形指数　用直尺、电子秤测出其横径、纵径、果重。果形指数为纵径与横径比值。

（10）统计方法　统计方法包括一元线性回归、多元线性回归、主成分分析、聚类分析和判别分析以及方法之间的结合分析等。

第八章　影响沙田柚果肉蜜味物质研究

第一节　研究内容和研究方法

研究目标：以容县沙田柚为研究对象，对影响沙田柚果肉蜜味物质进行系统测试，通过分析测试出的物质在不同果肉蜜味等级之间的差异性，确定影响沙田柚果肉蜜味的关键物质。

研究内容：通过对测试出的几十种物质数据的一元线性回归和散点图分析，确定影响沙田柚果肉蜜味的关键物质。

研究方法：使用统计分析中一元线性回归方法。

第二节　影响沙田柚果肉蜜味的关键物质

通过对观测和测试数据的分析，确定糖度、维生素 C、总酚、柠檬酸、葡萄糖 5 种物质为影响沙田柚果肉蜜味的关键物质。

1. 糖度　沙田柚果肉蜜味等级与果肉糖度关系见图 8-1。从图 8-1 可见，随着果肉糖度的增加，果肉蜜味等级提高。当果肉糖度＞12％时，柚果都有蜜味，并且高等级蜜味等级的比例在增加。果肉糖度＞12％时柚果有蜜味，反之有蜜味时果肉糖度不一定＞12％，所以糖度＞12％是蜜味的充分不必要条件。果肉蜜味等级与果肉糖度关系的回归方程为 $Y=-0.028\ 3X^2+1.163\ 5X-7.426\ 9$（r$=0.803^{**}$，n$=116$，$r_{0.05}=0.182$，$r_{0.01}=0.238$）。

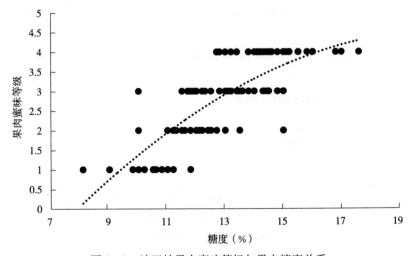

图 8-1　沙田柚果肉蜜味等级与果肉糖度关系

2. 维生素 C 沙田柚果肉蜜味等级与果肉维生素 C 含量关系见图 8-2。由图 8-2 可见，随着果肉维生素 C 含量的增加，果肉蜜味等级提高。当果肉维生素 C 含量$>0.5mg/g$时，多数柚果有蜜味，并且随着维生素 C 含量增加蜜味高等级的比例也增加。果肉蜜味等级与果肉维生素 C 含量关系的回归方程为$Y=-3.448\,0X^2+7.243\,4X-0.013\,3$（$r=0.531^{**}$，$n=116$，$r_{0.05}=0.182$，$r_{0.01}=0.238$）。

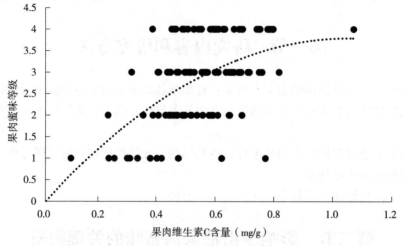

图 8-2　沙田柚果肉蜜味等级与果肉维生素 C 含量关系

3. 总酚 沙田柚果肉蜜味等级与果肉总酚含量关系见图 8-3。由图 8-3 可见，随着果肉总酚含量的增加，果肉蜜味等级提高。当果肉总酚含量$>1.5mg/g$时，柚果都有蜜味，并且随着总酚含量增加蜜味高等级的比例亦增加。果肉总酚含量$>1.5mg/g$时柚果有蜜味，反之有蜜味时果肉总酚含量不一定$>1.5mg/g$，所以果肉总酚含量$>1.5mg/g$是蜜味的充分不必要条件。果肉蜜味等级与果肉总酚含量关系的回归方程为$Y=-4\times10^{-5}X^2+0.023\,7X+0.1720$（$r=0.498^{**}$，$n=116$，$r_{0.05}=0.182$，$r_{0.01}=0.238$）。

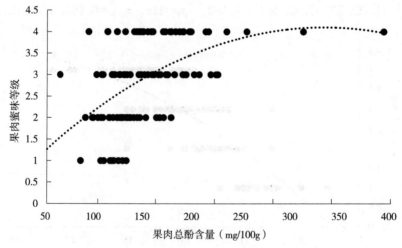

图 8-3　沙田柚果肉蜜味等级与果肉总酚含量关系

4. 柠檬酸　沙田柚果肉蜜味等级与果肉柠檬酸含量关系见图 8-4。由图 8-4 可见，随着果肉柠檬酸含量的增加，果肉蜜味等级提高。当果肉柠檬酸含量＞16mg/g 时，柚果都有蜜味，并且随着柠檬酸含量增加蜜味高等级的比例亦同步增加。果肉柠檬酸含量＞16mg/g 时柚果有蜜味，反之有蜜味时果肉柠檬酸含量不一定＞16mg/g，所以果肉柠檬酸含量＞16mg/g 是蜜味的充分不必要条件。果肉蜜味等级与果肉柠檬酸含量的回归方程为 $Y=-0.003\,0X^2+0.185\,5X+0.674\,0$（$r=0.376^{**}$，$n=116$，$r_{0.05}=0.182$，$r_{0.01}=0.238$）。

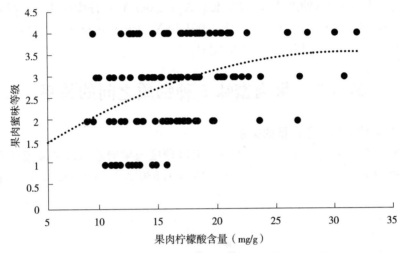

图 8-4　沙田柚果肉蜜味等级与果肉柠檬酸含量关系

5. 葡萄糖　沙田柚果肉蜜味等级与果肉葡萄糖含量关系见图 8-5。由图 8-5 可见，随着果肉葡萄糖含量的增加，果肉蜜味等级提高，并且随着葡萄糖含量增高蜜味高等级的比例亦增加。当果肉葡萄糖含量＞400mg/100g 时，多数柚果有蜜味，反之有蜜味时果肉葡萄糖含量不一定＞400mg/100g，所以果肉葡萄糖含量＞400mg/100g 是蜜味的充分不必要条件。果肉蜜味等级与果肉葡萄糖含量关系的回归方程为 $Y=-5\times10^{-6}X^2+0.007\,4X+0.440\,9$（$r=0.373^{**}$，$n=116$，$r_{0.05}=0.182$，$r_{0.01}=0.238$）。

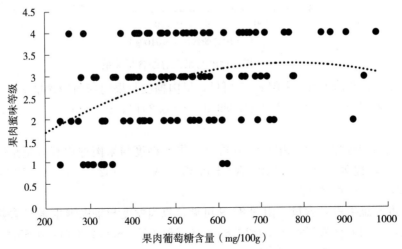

图 8-5　沙田柚果肉蜜味等级与果肉葡萄糖含量关系

第三节　沙田柚果肉蜜味等级预测模型的构建

基于多元线性回归的沙田柚果肉蜜味等级预测模型：①影响沙田柚果肉蜜味的 5 种化学物质为糖度（r＝0.803**）、维生素 C（r＝0.531**）、总酚（r＝0.498**）、柠檬酸（r＝0.376**）、葡萄糖（r＝0.373**）；②对 5 种物质与柚果蜜味等级进行多元回归，得到 Y（沙田柚果肉蜜味等级）＝f（糖度 X_1；维生素 C X_2；总酚 X_3；柠檬酸 X_4；葡萄糖 X_5）＝$-2.804\,39+0.336\,23X_1+0.964\,5X_2+0.001\,88X_3+0.008\,60X_4+0.000\,61X_5$（r＝0.814**，n＝116，$r_{0.05}$＝0.182，$r_{0.01}$＝0.238）。

第四节　果肉蜜味 5 种物质之间的关系

1. 糖度与其他 4 种物质含量的关系

（1）糖度与总酚含量　由图 8-6 可见，果肉糖度与果肉总酚含量呈极显著正相关关系，回归方程为 $Y=-7\times10^{-5}X^2+0.048\,2X+7.580\,2$（r＝0.552**，n＝116，$r_{0.05}$＝0.182，$r_{0.01}$＝0.238）。

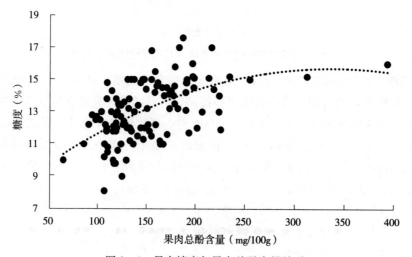

图 8-6　果肉糖度与果肉总酚含量关系

（2）糖度与葡萄糖含量　由图 8-7 可见，果肉糖度与果肉葡萄糖含量呈极显著正相关关系，回归方程为 $Y=0.003\,3X+11.389\,0$（r＝0.294**，n＝116，$r_{0.05}$＝0.182，$r_{0.01}$＝0.238）。

（3）糖度与柠檬酸含量　由图 8-8 可见，果肉糖度与果肉柠檬酸含量呈极显著正相关关系，回归方程为 $Y=-0.010\,3X^2+0.524\,4X+7.452\,7$（r＝0.413**，n＝116，$r_{0.05}$＝0.182，$r_{0.01}$＝0.238）。

（4）糖度与维生素 C 含量　由图 8-9 可见，果肉糖度与果肉维生素 C 含量呈极显著正相关关系，回归方程为 $Y=-9.072\,2X^2+16.551\,0X+6.902\,3$（r＝0.557**，n＝116，$r_{0.05}$＝0.182，$r_{0.01}$＝0.238）。

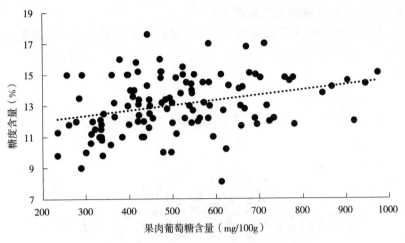

图 8-7 果肉糖度与果肉葡萄糖含量关系

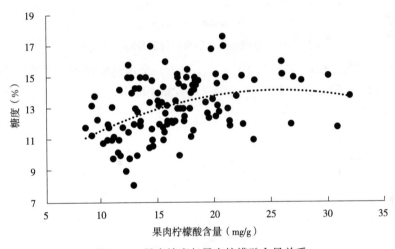

图 8-8 果肉糖度与果肉柠檬酸含量关系

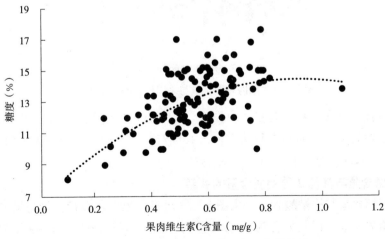

图 8-9 果肉糖度与果肉维生素 C 含量关系

2. 总酚含量与其他 3 种物质含量的关系

（1）总酚含量与葡萄糖含量　由图 8-10 可见，果肉总酚含量与果肉葡萄糖含量之间未达到显著相关水平（r＝0.124，n＝116，r$_{0.05}$＝0.182，r$_{0.01}$＝0.238）。

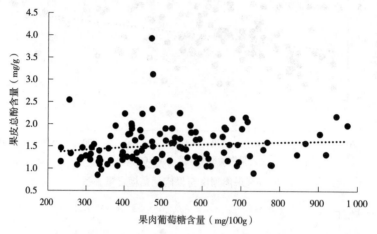

图 8-10　果肉总酚含量与果肉葡萄糖含量关系

（2）总酚含量与柠檬酸含量　由图 8-11 可见，果肉总酚含量与果肉柠檬酸含量呈极显著正相关关系，回归方程为 $Y＝-0.156\ 2X^2＋8.409\ 2X＋58.093\ 0$（r＝0.291**，n＝116，r$_{0.05}$＝0.182，r$_{0.01}$＝0.238）。

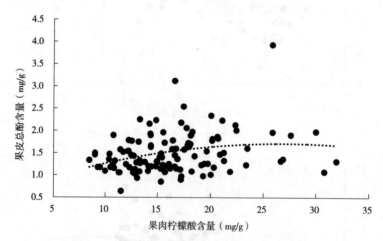

图 8-11　果肉总酚含量与果肉柠檬酸含量关系

（3）总酚含量与维生素 C 含量　由图 8-12 可见，果肉总酚含量与果肉维生素 C 含量呈极显著正相关关系，回归方程为 $Y＝-188.710\ 0X^2＋273.110\ 0X＋61.473\ 0$（r＝0.260**，n＝116，r$_{0.05}$＝0.182，r$_{0.01}$＝0.238）。

3. 葡萄糖含量与其他 2 种物质含量的关系

（1）葡萄糖含量与柠檬酸含量　由图 8-13 可见，果肉葡萄糖含量与果肉柠檬酸含量呈极显著正相关关系，回归方程为 $Y＝231.740\ 0\ln X-128.980\ 0$（r＝0.397**，n＝116，r$_{0.05}$＝0.182，r$_{0.01}$＝0.238）。

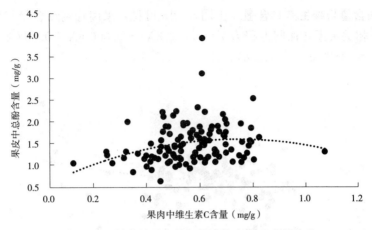

图 8-12　果肉总酚含量与果肉维生素 C 含量关系

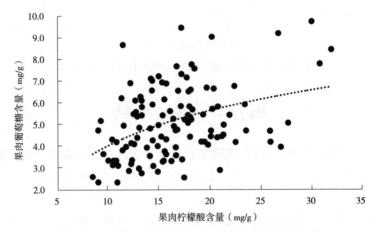

图 8-13　果肉葡萄糖含量与果肉柠檬酸含量关系

（2）葡萄糖含量与维生素 C 含量　由图 8-14 可见，果肉葡萄糖含量与果肉维生素 C 含量呈显著正相关关系，回归方程为 $Y = 732.560\,0X^2 - 634.970\,0X + 622.930\,0$（$r = 0.224^*$，$n = 116$，$r_{0.05} = 0.182$，$r_{0.01} = 0.238$）。

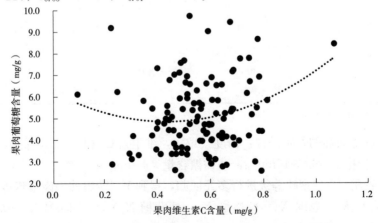

图 8-14　果肉葡萄糖含量与果肉维生素 C 含量关系

4. 柠檬酸含量与维生素 C 含量　由图 8 - 15 可见，果肉葡萄糖含量与果肉维生素 C 含量呈显著正相关关系，回归方程为 $Y = 0.000\ 3X^2 - 0.006\ 6X + 0.562\ 2$（$r = 0.196^*$，$n = 116$，$r_{0.05} = 0.182$，$r_{0.01} = 0.238$）。

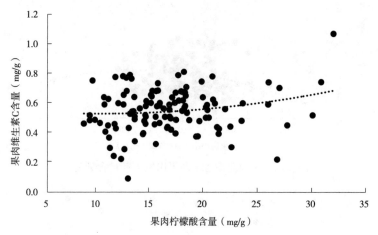

图 8 - 15　果肉维生素 C 含量与果肉柠檬酸含量关系

第五节　小　　结

①从 5 种物质与果肉蜜味等级关系图和相关系数大小可以确定密切程度顺序为：糖度（$r = 0.803^{**}$）、维生素 C（$r = 0.531^{**}$）、总酚（$r = 0.498^{**}$）、柠檬酸（$r = 0.376^{**}$）、葡萄糖（$r = 0.373^{**}$）。

②果肉蜜味产生的 5 种物质之间的最大相关系数（包括一元一次、一元二次、对数回归等）见表 8 - 1。

表 8 - 1　果肉蜜味产生的 5 种物质之间的相关性

相关系数	糖度	维生素 C 含量	总酚含量	柠檬酸含量	葡萄糖含量
糖度	1				
维生素 C 含量	0.557**	1			
总酚含量	0.552**	0.260**	1		
柠檬酸含量	0.413**	0.196*	0.291**	1	
葡萄糖含量	0.294**	0.224*	0.124	0.397**	1

注：$r_{0.05} = 0.182$，$r_{0.01} = 0.238$，$n = 116$。

③果肉蜜味等级高的判别条件：糖度＞12％，维生素 C 含量＞0.5mg/g，总酚含量＞150mg/100g，柠檬酸含量＞16mg/g，葡萄糖含量＞400mg/g。

④对 5 种物质与果肉蜜味等级进行多元回归，得到 Y（沙田柚果肉蜜味等级）＝f（糖度 X_1；维生素 C X_2；总酚 X_3；柠檬酸 X_4；葡萄糖 X_5）＝ $-2.804\ 39 + 0.336\ 23X_1 + 0.964\ 5X_2 + 0.001\ 88X_3 + 0.008\ 60X_4 + 0.000\ 61X_5$（$r = 0.814^{**}$，$n = 116$，$r_{0.05} =$

0.182，$r_{0.01}=0.238$）。基于 5 种化学物质与果肉蜜味等级之间的多元回归自回归误差为：最大误差-1.51，最小误差-0.01，平均误差 0.47。116 个样本中 92.2％的样本自回归误差小于 1.0（1 个等级），见表 8-2。

表 8-2　基于 5 种物质的果肉蜜味等级的自回归值

样本编号	果肉蜜味等级 (Y)	果肉蜜味等级自回归值 (Y')	自回归误差 (Y'−Y)	样本编号	果肉蜜味等级 (Y)	果肉蜜味等级自回归值 (Y')	自回归误差 (Y'−Y)
1	4	3.99	−0.01	31	3	2.76	−0.24
2	3	3.03	0.03	32	4	3.76	−0.24
3	4	3.97	−0.03	33	2	2.26	0.26
4	3	3.04	0.04	34	4	3.73	−0.27
5	2	1.96	−0.04	35	3	3.27	0.27
6	1	0.95	−0.05	36	3	2.73	−0.27
7	3	2.93	−0.07	37	3	2.71	−0.29
8	3	2.91	−0.09	38	4	3.70	−0.30
9	2	2.09	0.09	39	1	1.30	0.30
10	3	3.10	0.10	40	1	1.30	0.30
11	4	3.90	−0.10	41	4	3.70	−0.30
12	3	2.89	−0.11	42	2	2.31	0.31
13	4	3.89	−0.11	43	1	0.69	−0.31
14	2	2.12	0.12	44	4	4.33	0.33
15	4	3.87	−0.13	45	2	2.33	0.33
16	2	1.87	−0.13	46	2	2.34	0.34
17	3	2.86	−0.14	47	3	3.35	0.35
18	2	2.14	0.14	48	3	3.35	0.35
19	2	1.86	−0.14	49	4	3.64	−0.36
20	2	2.15	0.15	50	3	3.36	0.36
21	4	3.83	−0.17	51	2	2.37	0.37
22	3	3.18	0.18	52	3	2.63	−0.37
23	3	2.82	−0.18	53	2	2.37	0.37
24	2	2.18	0.18	54	3	3.38	0.38
25	4	3.81	−0.19	55	2	1.61	−0.39
26	3	3.20	0.20	56	4	4.39	0.39
27	3	2.78	−0.22	57	2	2.39	0.39
28	4	3.78	−0.22	58	4	4.39	0.39
29	2	2.22	0.22	59	2	2.41	0.41
30	4	3.77	−0.23	60	2	2.41	0.41

（续）

样本编号	果肉蜜味等级 (Y)	果肉蜜味等级自回归值 (Y′)	自回归误差 (Y′−Y)	样本编号	果肉蜜味等级 (Y)	果肉蜜味等级自回归值 (Y′)	自回归误差 (Y′−Y)
61	2	2.42	0.42	89	3	2.35	−0.65
62	4	4.43	0.43	90	3	2.34	−0.66
63	2	2.44	0.44	91	4	4.66	0.66
64	3	2.56	−0.44	92	3	3.67	0.67
65	3	2.54	−0.46	93	3	2.33	−0.67
66	4	3.53	−0.47	94	3	3.69	0.69
67	2	2.48	0.48	95	3	3.70	0.70
68	4	3.52	−0.48	96	2	2.70	0.70
69	3	2.52	−0.48	97	1	1.70	0.70
70	3	2.51	−0.49	98	2	2.71	0.71
71	2	2.49	0.49	99	4	3.25	−0.75
72	4	3.51	−0.49	100	1	1.77	0.77
73	4	3.49	−0.51	101	3	2.22	−0.78
74	2	2.51	0.51	102	1	1.78	0.78
75	3	3.52	0.52	103	3	3.81	0.81
76	3	2.47	−0.53	104	1	1.83	0.83
77	1	1.53	0.53	105	1	1.89	0.89
78	3	3.54	0.54	106	2	2.93	0.93
79	4	3.46	−0.54	107	2	2.98	0.98
80	4	3.45	−0.55	108	1	2.07	1.07
81	4	3.44	−0.56	109	4	2.91	−1.09
82	4	3.43	−0.57	110	4	2.86	−1.14
83	3	2.42	−0.58	111	4	2.81	−1.19
84	4	3.41	−0.59	112	4	2.78	−1.22
85	3	2.36	−0.64	113	4	2.71	−1.29
86	4	3.36	−0.64	114	4	2.61	−1.39
87	3	3.65	0.65	115	2	3.47	1.47
88	1	1.65	0.65	116	3	1.49	−1.51

第九章　影响沙田柚柚果香气物质研究

第一节　研究内容和研究方法

研究目标：以容县沙田柚为研究对象，对影响沙田柚柚果香气物质进行系统测试，通过分析测试出的物质在不同柚果香气等级之间的差异性，确定影响沙田柚柚果香气的关键物质。

研究内容：通过对测试出的几十种物质数据的一元线性回归和散点图分析，确定影响沙田柚柚果香气的关键物质。

研究方法：使用统计分析中一元线性回归方法。

第二节　影响沙田柚果肉香气的关键物质

通过对观测和测试数据的分析，确定卡诺酮、巴伦比亚橘烯、辛酸己酯、金合欢醇、己酸己酯、人参烯、柠檬烯、香叶烯 8 种物质为影响沙田柚柚果香气的关键物质。

1. 卡诺酮　由图 9-1 可见，随着柚果卡诺酮比例的增加，柚果香气等级提高。当柚果卡诺酮比例＞3.5％时，柚果都有香气，并且高等级香气等级的比例在增加。柚果卡诺酮比例＞3.5％时柚果有蜜味，反之有蜜味时柚果卡诺酮比例不一定＞3.5％，所以柚果卡诺酮比例＞3.5％是蜜味的充分不必要条件。柚果香气等级的回归方程为 $Y=-0.021\,6X^2+0.467\,4X+1.405\,9$（$r=0.665^{**}$，$n=116$，$r_{0.05}=0.182$，$r_{0.01}=0.238$）。

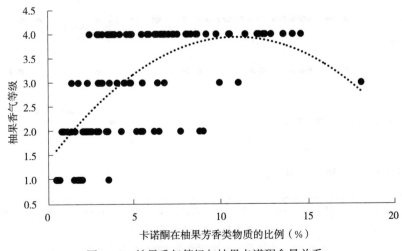

图 9-1　柚果香气等级与柚果卡诺酮含量关系

2. 巴伦比亚橘烯 由图 9-2 可见，随着柚果巴伦比亚橘烯比例的增加，柚果香气等级提高。当柚果巴伦比亚橘烯比例＞0.20％时，柚果都有香气，并且高等级香气等级的比例在增加。柚果巴伦比亚橘烯比例＞0.20％时柚果有蜜味，反之有蜜味时柚果巴伦比亚橘烯比例不一定＞0.20％，所以柚果巴伦比亚橘烯比例＞0.20％是蜜味的充分不必要条件。柚果香气等级的回归方程为 $Y = -3.684\ 5X^2 + 5.785\ 7X + 1.739\ 5$（$r = 0.619^{**}$，$n = 116$，$r_{0.05} = 0.182$，$r_{0.01} = 0.238$）。

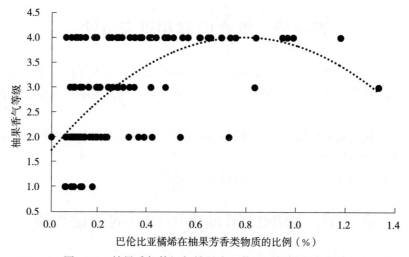

图 9-2 柚果香气等级与柚果皮巴伦比亚橘烯含量关系

3. 辛酸己酯 由图 9-3 可见，随着柚果辛酸己酯比例的增加，柚果香气等级提高。当柚果辛酸己酯比例＞0.10％时，柚果都有香气，并且高等级香气等级的比例在增加。柚果辛酸己酯比例＞0.10％时柚果有蜜味，反之有蜜味时柚果辛酸己酯比例不一定＞0.10％，所以柚果辛酸己酯比例＞0.10％是蜜味的充分不必要条件。柚果香气等级的回归方程为 $Y = -31.705\ 0X^2 + 14.587\ 0X + 2.184\ 8$（$r = 0.603^{**}$，$n = 116$，$r_{0.05} = 0.182$，$r_{0.01} = 0.238$）。

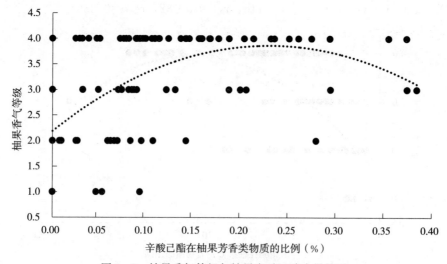

图 9-3 柚果香气等级与柚果辛酸己酯含量关系

4. 金合欢醇　由图 9 - 4 可见，随着柚果金合欢醇比例的增加，柚果香气等级提高。当柚果金合欢醇比例＞0.20％时，柚果都有香气，并且高等级香气等级的比例在增加。柚果金合欢醇比例＞0.20％时柚果有蜜味，反之有蜜味时柚果金合欢醇比例不一定＞0.20％，所以柚果金合欢醇比例＞0.20％是蜜味的充分不必要条件。柚果香气等级的回归方程为 $Y = -2.172\,2X^2 + 3.951\,1X + 2.374\,1$（r＝0.521**，n＝116，$r_{0.05}$＝0.182，$r_{0.01}$＝0.238）。

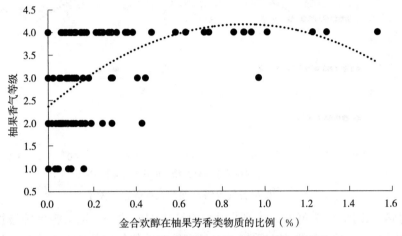

图 9 - 4　柚果香气等级与柚果金合欢醇含量关系

5. 己酸己酯　由图 9 - 5 可见，随着柚果己酸己酯比例的增加，柚果香气等级提高。当柚果己酸己酯比例＞0.10％，柚果多数都有香气，并且高等级香气等级的比例在增加。柚果香气等级的回归方程为 $Y = -22.718\,0X^2 + 14.790\,0X + 1.225\,6$（r＝0.515**，n＝116，$r_{0.05}$＝0.182，$r_{0.01}$＝0.238）。

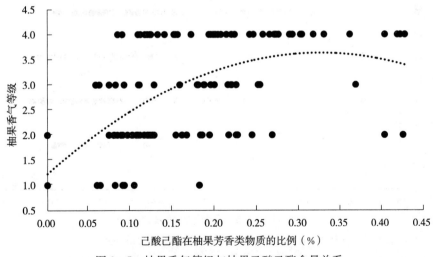

图 9 - 5　柚果香气等级与柚果己酸己酯含量关系

6. 人参烯　由图 9 - 6 可见，随着柚果人参烯比例的增加，柚果香气等级提高。当柚果人参烯比例＞0.22％，柚果都有香气，并且高等级香气等级的比例在增加。柚果人参烯比例＞0.22％时柚果有蜜味，反之有蜜味时柚果金合欢醇比例不一定＞0.22％，所以柚果金合欢醇比例＞0.20％是蜜味的充分不必要条件。柚果香气等级的回归方程为 $Y=-4.2516X^2+5.5718X+2.0513$（r＝0.478**，n＝116，$r_{0.05}$＝0.182，$r_{0.01}$＝0.238）。

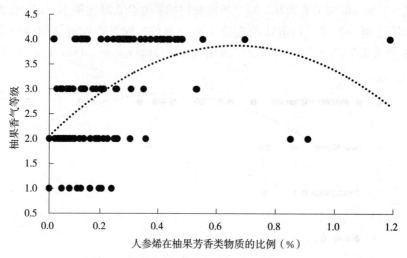

图 9-6　柚果香气等级与柚果人参烯含量关系

7. 柠檬烯　由图 9-7 可见，随着柚果柠檬烯比例的减少，柚果香气等级提高。当柚果柠檬烯比例＜80％时，柚果都有香气，并且高等级香气等级的比例在增加。柚果柠檬烯比例＜80％时柚果有蜜味，反之有蜜味时柚果柠檬烯比例不一定＜80％，所以柚果柠檬烯比例＜80％是蜜味的充分不必要条件。柚果香气等级的回归方程为 $Y=-0.0034X^2+0.4762X-13.0870$（r＝-0.436**，n＝116，$r_{0.05}$＝0.182，$r_{0.01}$＝0.238）。

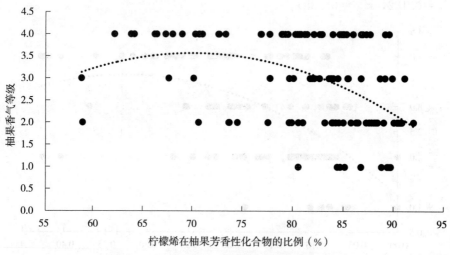

图 9-7　柚果香气等级与柚果柠檬烯含量关系

8. 香叶烯　由图 9-8 可见，随着柚果香叶烯比例的增加，柚果香气等级提高。当柚果香叶烯比例＞0.15％时，柚果多数都有香气，并且高等级香气等级的比例在增加。柚果香叶烯比例＞0.15％时柚果有蜜味，反之有蜜味时柚果香叶烯比例不一定＞0.15％，所以柚果香叶烯比例＞0.15％是蜜味的充分不必要条件。柚果香气等级的回归方程为 $Y=$

$-5.574\ 1X^2+6.665\ 9X+2.012\ 9$（r＝0.390**，n＝116，$r_{0.05}$＝0.182，$r_{0.01}$＝0.238）。

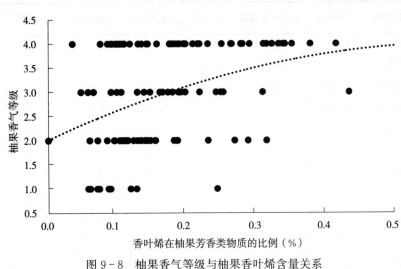

图9-8　柚果香气等级与柚果香叶烯含量关系

第三节　沙田柚柚果香气等级预测模型的构建

表9-1为116个沙田柚样本的果肉5种物质含量数据。

影响沙田柚果香气的8种化学物质为：萜烯类4个（柠檬烯、香叶烯、巴伦比亚橘烯、人参烯）、酯类2个（辛酸己酯、己酸己酯）、醇类1个（金合欢醇）、酮类1个（卡诺酮）。

8种物质与柚果香气等级的相关性为：卡诺酮（r＝0.665**）、巴伦比亚橘烯（r＝0.619**）、辛酸己酯（r＝0.603**）、金合欢醇（r＝0.521**）、己酸己酯（r＝0.515**）、人参烯（r＝0.478**）、柠檬烯（r＝0.436**）、香叶烯（r＝0.390**）。

对8种物质与柚果香气等级进行多元回归，得到：Y（沙田柚柚果香气等级）＝f（卡诺酮 X_1；巴伦比亚橘烯 X_2；辛酸己酯 X_3；金合欢醇 X_4；己酸己酯 X_5；人参烯 X_6；柠檬烯 X_7；香叶烯 X_8）＝$-5.274\ 98+0.252\ 54X_1-1.211\ 22X_2+1.012\ 11X_3+0.478\ 32X_4+2.321\ 32X_5+0.797\ 17X_6+0.078\ 77X_7+0.793\ 83X_8$（r＝0.641**，n＝116，$r_{0.05}$＝0.182，$r_{0.01}$＝0.238）。

表9-1　沙田柚柚果8种物质含量数据

样本编号	柠檬烯	香叶烯	巴伦西亚橘烯	人参烯	金合欢醇	己酸己酯	辛酸己酯	诺卡酮
1	80.47	0.00	0.23	0.08	0.00	0.11	0.00	4.18
2	88.99	0.07	0.19	0.06	0.07	0.12	0.00	1.99
3	87.53	0.10	0.17	0.04	0.18	0.18	0.00	2.30
4	77.46	0.18	0.22	0.17	0.16	0.24	0.00	3.38
5	83.90	0.13	0.12	0.14	0.06	0.11	0.00	1.53

（续）

样本编号	柠檬烯	香叶烯	巴伦西亚橘烯	人参烯	金合欢醇	己酸己酯	辛酸己酯	诺卡酮
6	85.42	0.24	0.13	0.05	0.10	0.20	0.29	5.41
7	89.11	0.09	0.08	0.02	0.00	0.11	0.05	2.91
8	88.36	0.10	0.11	0.04	0.00	0.12	0.07	2.76
9	87.21	0.10	0.11	0.09	0.15	0.19	0.03	2.37
10	86.70	0.07	0.08	0.03	0.00	0.09	0.03	1.34
11	90.35	0.06	0.06	0.05	0.05	0.11	0.01	0.79
12	86.70	0.12	0.10	0.04	0.00	0.18	0.00	1.47
13	87.52	0.13	0.12	0.06	0.00	0.12	0.03	2.47
14	90.01	0.11	0.09	0.05	0.00	0.08	0.00	1.33
15	91.97	0.09	0.03	0.03	0.00	0.13	0.00	0.83
16	84.48	0.14	0.08	0.02	0.00	0.07	0.03	2.05
17	90.82	0.10	0.06	0.04	0.04	0.10	0.00	0.82
18	70.18	0.34	0.29	0.13	0.12	0.29	0.00	6.47
19	83.09	0.15	0.14	0.07	0.00	0.12	0.00	2.05
20	87.98	0.14	0.12	0.07	0.06	0.08	0.00	0.77
21	81.83	0.19	0.19	0.24	0.12	0.16	0.00	2.87
22	90.50	0.11	0.11	0.00	0.02	0.08	0.00	1.09
23	89.36	0.09	0.06	0.14	0.00	0.06	0.00	0.65
24	84.62	0.07	0.06	0.00	0.11	0.09	0.09	0.46
25	86.41	0.15	0.11	0.19	0.13	0.10	0.00	2.15
26	89.52	0.10	0.06	0.02	0.00	0.11	0.02	2.82
27	88.29	0.18	0.16	0.09	0.00	0.13	0.00	2.19
28	86.22	0.14	0.09	0.24	0.09	0.12	0.00	1.98
29	87.75	0.11	0.10	0.12	0.11	0.09	0.00	2.21
30	58.77	0.32	0.00	0.90	0.00	0.40	0.00	6.36
31	80.47	0.24	0.17	0.07	0.00	0.09	0.05	3.44
32	84.93	0.11	0.09	0.12	0.20	0.15	0.07	2.89
33	86.29	0.09	0.10	0.03	0.00	0.09	0.01	1.99
34	85.89	0.19	0.18	0.11	0.08	0.09	0.04	3.11
35	82.56	0.18	0.20	0.06	0.02	0.19	0.00	2.95
36	84.55	0.10	0.14	0.22	0.13	0.08	0.03	3.48
37	74.40	0.29	0.36	0.17	0.00	0.22	0.06	6.08
38	89.84	0.15	0.15	0.07	0.00	0.11	0.00	2.25
39	78.92	0.20	0.25	0.38	0.30	0.20	0.00	3.64
40	79.98	0.11	0.12	0.12	0.30	0.13	0.07	3.07

（续）

样本编号	柠檬烯	香叶烯	巴伦西亚橘烯	人参烯	金合欢醇	己酸己酯	辛酸己酯	诺卡酮
41	80.36	0.22	0.24	0.11	0.11	0.26	0.05	3.76
42	90.67	0.13	0.10	0.14	0.00	0.10	0.00	0.91
43	89.69	0.06	0.09	0.22	0.09	0.08	0.00	0.55
44	72.49	0.31	0.41	0.68	0.15	0.27	0.09	7.17
45	87.76	0.10	0.12	0.23	0.05	0.00	0.00	2.17
46	70.52	0.27	0.38	0.84	0.17	0.18	0.00	5.42
47	89.54	0.07	0.13	0.18	0.04	0.00	0.00	1.72
48	87.22	0.11	0.12	0.16	0.08	0.11	0.03	2.00
49	87.60	0.09	0.27	0.22	0.08	0.20	0.11	3.41
50	84.87	0.10	0.10	0.10	0.00	0.12	0.00	3.10
51	84.17	0.12	0.11	0.09	0.05	0.10	0.08	2.49
52	73.53	0.15	0.20	0.34	0.15	0.27	0.00	3.32
53	91.08	0.09	0.10	0.06	0.00	0.06	0.00	1.73
54	88.16	0.13	0.13	0.23	0.12	0.11	0.00	2.41
55	84.34	0.13	0.08	0.11	0.05	0.06	0.00	1.66
56	73.55	0.14	0.08	0.11	0.00	0.16	0.00	3.41
57	85.01	0.13	0.27	0.24	0.29	0.15	0.09	4.69
58	83.93	0.05	0.27	0.19	0.08	0.18	0.08	4.67
59	70.89	0.16	0.28	0.44	0.48	0.16	0.14	6.55
60	80.16	0.09	0.34	0.30	0.28	0.22	0.14	5.37
61	83.50	0.06	0.09	0.08	0.06	0.06	0.03	2.87
62	83.80	0.11	0.42	0.17	0.44	0.23	0.14	5.30
63	63.63	0.14	0.56	0.54	0.36	0.27	0.20	10.47
64	84.73	0.04	0.12	0.26	0.24	0.12	0.09	3.81
65	88.78	0.09	0.12	0.10	0.03	0.09	0.05	1.82
66	85.08	0.06	0.13	0.18	0.16	0.10	0.00	1.94
67	61.98	0.35	0.70	0.28	0.30	0.36	0.29	12.14
68	82.03	0.19	0.23	0.12	0.11	0.19	0.08	4.74
69	85.70	0.12	0.18	0.16	0.06	0.17	0.11	2.75
70	79.16	0.28	0.34	0.12	0.17	0.40	0.12	6.18
71	86.69	0.18	0.28	0.13	0.10	0.15	0.11	3.52
72	83.77	0.20	0.24	0.12	0.13	0.23	0.07	4.39
73	88.61	0.25	0.25	0.18	0.05	0.07	0.37	2.88
74	79.42	0.19	0.37	0.28	0.16	0.20	0.16	4.51
75	85.36	0.16	0.20	0.04	0.09	0.20	0.09	3.10

（续）

样本编号	柠檬烯	香叶烯	巴伦西亚橘烯	人参烯	金合欢醇	己酸己酯	辛酸己酯	诺卡酮
76	83.68	0.16	0.30	0.16	0.10	0.18	0.13	3.95
77	77.66	0.10	0.41	0.29	0.45	0.25	0.19	6.29
78	83.87	0.11	0.41	0.32	0.59	0.22	0.09	6.14
79	73.59	0.11	0.32	0.20	0.25	0.23	0.07	8.92
80	86.84	0.19	0.19	0.25	0.06	0.20	0.07	4.80
81	80.55	0.08	0.34	0.24	0.07	0.28	0.16	4.11
82	66.26	0.42	1.18	1.19	0.22	0.29	0.35	14.06
83	58.67	0.22	0.83	0.52	0.29	0.37	0.20	18.05
84	80.36	0.11	0.36	0.28	0.08	0.27	0.10	5.80
85	81.08	0.09	0.43	0.35	0.08	0.12	0.15	6.94
86	80.91	0.14	0.14	0.23	0.07	0.19	0.06	5.06
87	79.41	0.14	0.65	0.45	0.24	0.14	0.18	9.11
88	67.48	0.44	1.33	0.52	0.98	0.22	0.21	10.95
89	66.05	0.26	0.94	0.46	1.53	0.20	0.19	14.52
90	73.20	0.20	0.73	0.45	0.36	0.21	0.26	12.04
91	79.55	0.19	0.53	0.28	0.17	0.09	0.10	7.60
92	82.80	0.11	0.40	0.40	0.18	0.17	0.11	6.93
93	80.70	0.26	0.64	0.26	0.12	0.12	0.11	6.64
94	89.11	0.31	0.19	0.13	0.00	0.11	0.38	3.51
95	70.02	0.25	0.34	0.33	0.19	0.25	0.00	9.88
96	84.39	0.14	0.32	0.15	0.09	0.08	0.05	4.70
97	79.81	0.23	0.73	0.24	0.30	0.43	0.28	8.71
98	81.30	0.17	0.47	0.42	0.13	0.20	0.11	8.22
99	70.56	0.57	0.99	0.47	0.26	0.15	0.17	12.83
100	67.15	0.33	0.96	0.39	1.29	0.43	0.27	12.49
101	82.74	0.28	0.54	0.28	0.13	0.13	0.14	7.94
102	81.63	0.13	0.47	0.23	0.16	0.22	0.12	6.68
103	76.74	0.32	0.61	0.27	0.91	0.32	0.16	8.58
104	81.99	0.12	0.50	0.27	0.64	0.24	0.08	7.23
105	76.78	0.21	0.37	0.20	0.72	0.30	0.08	8.50
106	85.24	0.23	0.48	0.40	0.37	0.12	0.11	5.70
107	80.52	0.18	0.48	0.28	0.86	0.12	0.10	8.03
108	63.97	0.34	0.75	0.42	0.39	0.21	0.17	13.52
109	77.62	0.25	0.61	0.27	0.75	0.30	0.25	7.44
110	79.57	0.17	0.28	0.11	0.42	0.22	0.09	4.35

（续）

样本编号	柠檬烯	香叶烯	巴伦西亚橘烯	人参烯	金合欢醇	己酸己酯	辛酸己酯	诺卡酮
111	78.81	0.13	0.32	0.18	0.32	0.25	0.10	6.73
112	72.56	0.29	0.65	0.34	1.02	0.33	0.23	9.70
113	68.84	0.32	0.83	0.39	0.94	0.42	0.21	12.38
114	70.59	0.38	0.99	0.40	1.23	0.42	0.37	11.35
115	82.56	0.21	0.47	0.25	0.25	0.27	0.08	6.27
116	67.87	0.32	0.69	0.37	0.91	0.29	0.23	10.42

第四节　柚果 8 种物质之间的关系

1. 卡诺酮比例与其他 7 种物质比例的关系　卡诺酮比例与柠檬烯比例关系（图 9-9）表明，卡诺酮比例与柠檬烯比例呈极显著负相关，回归方程 $Y = -0.001\,4X^2 - 0.182\,9X + 29.276\,0$（r $= -0.845^{**}$，n $= 116$，$r_{0.05} = 0.182$，$r_{0.01} = 0.238$）。

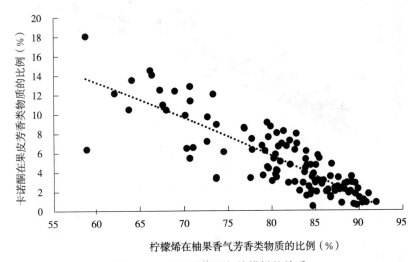

柠檬烯在柚果香气芳香类物质的比例（%）

图 9-9　柚果卡诺酮与柠檬烯的关系

卡诺酮比例与香叶烯比例关系（图 9-10）表明，卡诺酮比例与香叶烯比例呈极显著正相关，回归方程 $Y = 25.682X + 0.666\,2$（r $= 0.680^{**}$，n $= 116$，$r_{0.05} = 0.182$，$r_{0.01} = 0.238$）。

卡诺酮比例与巴伦比亚橘烯比例关系（图 9-11）表明，卡诺酮比例与巴伦比亚橘烯比例呈极显著正相关，回归方程 $Y = -5.956\,2X^2 + 18.374\,0X + 0.280\,3$（r $= 0.913^{**}$，n $= 116$，$r_{0.05} = 0.182$，$r_{0.01} = 0.238$）。

卡诺酮比例与人参烯比例关系（图 9-12）表明，卡诺酮比例与人参烯比例呈极显著正相关，回归方程 $Y = -14.647\,0X^2 + 25.464\,0X + 0.592\,5$（r $= 0.748^{**}$，n $= 116$，$r_{0.05} = 0.182$，$r_{0.01} = 0.238$）。

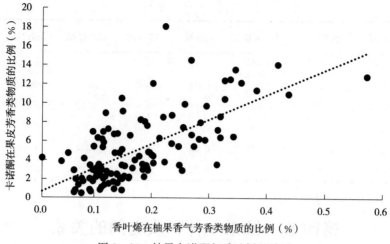

图 9-10　柚果卡诺酮与香叶烯的关系

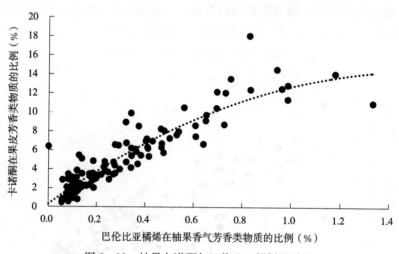

图 9-11　柚果卡诺酮与巴伦比亚橘烯的关系

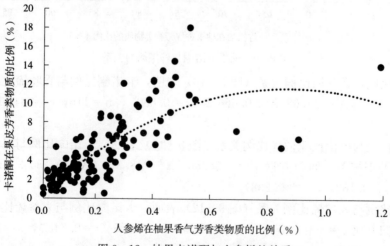

图 9-12　柚果卡诺酮与人参烯的关系

卡诺酮比例与金合欢醇比例关系（图9-13）表明，卡诺酮比例与人参烯比例呈极显著正相关，回归方程 $Y=-6.134\ 1X^2+14.927\ 0X+2.641\ 5$（r=0.705**，n=116，$r_{0.05}=0.182$，$r_{0.01}=0.238$）。

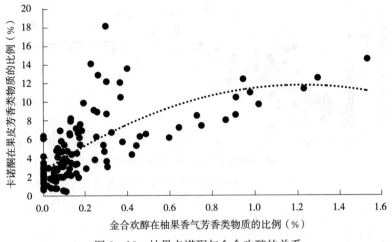

图9-13　柚果卡诺酮与金合欢醇的关系

卡诺酮比例与己酸己酯比例关系（图9-14）表明，卡诺酮比例与己酸己酯比例呈极显著正相关，回归方程 $Y=-11.377\ 0X^2+31.186\ 0X-0.029\ 8$（r=0.683**，n=116，$r_{0.05}=0.182$，$r_{0.01}=0.238$）。

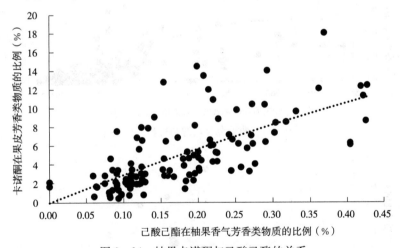

图9-14　柚果卡诺酮与己酸己酯的关系

卡诺酮比例与辛酸己酯比例关系（图9-15）表明，卡诺酮比例与辛酸己酯比例呈极显著正相关，回归方程 $Y=-85.201\ 0X^2+50.665\ 0X+2.019\ 6$（r=0.728**，n=116，$r_{0.05}=0.182$，$r_{0.01}=0.238$）。

2. 金合欢醇比例与其他6种物质比例的关系　金合欢醇比例与柠檬烯比例关系（图9-16）表明，金合欢醇比例与柠檬烯比例呈极显著负相关，回归方程 $Y=-0.000\ 7X^2+0.083\ 5X-2.036\ 0$（r=-0.575**，n=116，$r_{0.05}=0.182$，$r_{0.01}=0.238$）。

金合欢醇比例与香叶烯比例关系（图9-17）表明，金合欢醇比例与香叶烯比例呈极

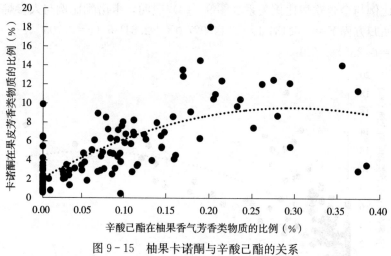

图 9-15　柚果卡诺酮与辛酸己酯的关系

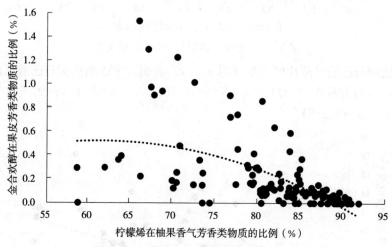

图 9-16　柚果金合欢醇与柠檬烯的关系

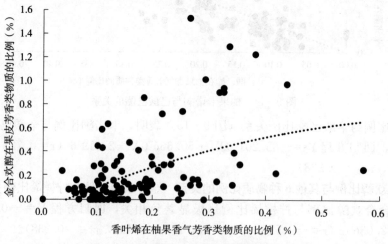

图 9-17　柚果金合欢醇与香叶烯的关系

显著正相关，回归方程 $Y=-1.364\ 0X^2+2.096\ 3X-0.088\ 6$（$r=0.474^{**}$，$n=116$，$r_{0.05}=0.182$，$r_{0.01}=0.238$）。

金合欢醇比例与巴伦比亚橘烯比例关系（图 9-18）表明，金合欢醇比例与巴伦比亚橘烯比例呈极显著正相关，回归方程 $Y=-0.815\ 7X-0.038\ 9$（$r=0.723^{**}$，$n=116$，$r_{0.05}=0.182$，$r_{0.01}=0.238$）。

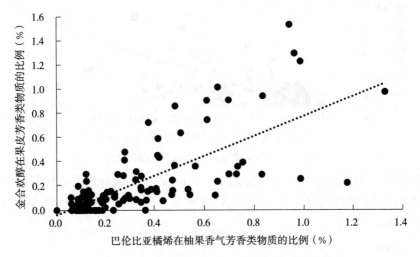

图 9-18　柚果金合欢醇与巴伦比亚橘烯的关系

金合欢醇比例与人参烯比例关系（图 9-19）表明，金合欢醇比例与人参烯比例呈极显著正相关，回归方程 $Y=-1.661\ 0X^2+2.022\ 0X-0.094\ 5$（$r=0.568^{**}$，$n=116$，$r_{0.05}=0.182$，$r_{0.01}=0.238$）。

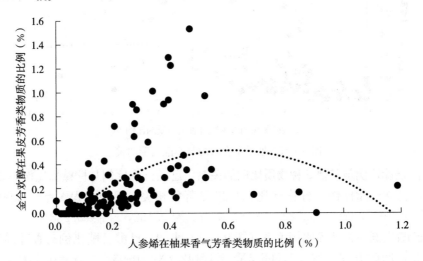

图 9-19　柚果金合欢醇与人参烯的关系

金合欢醇比例与己酸己酯比例关系（图 9-20）表明，金合欢醇比例与己酸己酯比例呈极显著正相关，回归方程 $Y=1.785\ 6X^2+0.997\ 0X-0.031\ 7$（$r=0.561^{**}$，$n=116$，$r_{0.05}=0.182$，$r_{0.01}=0.238$）。

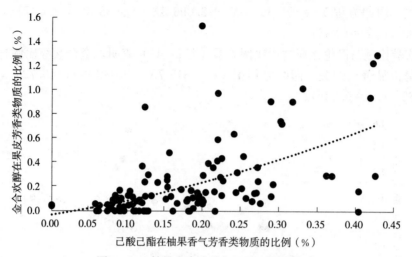

图 9-20　柚果金合欢醇与己酸己酯的关系

金合欢醇比例与辛酸己酯比例关系（图 9-21）表明，金合欢醇比例与辛酸己酯比例呈极显著正相关，回归方程 $Y=-5.315\,3X^2+3.254\,6X+0.019\,9$（$r=0.577^{**}$，$n=116$，$r_{0.05}=0.182$，$r_{0.01}=0.238$）。

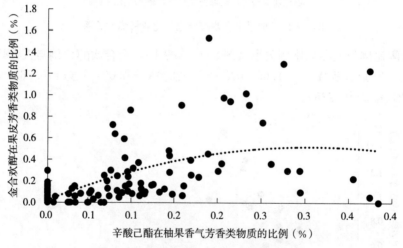

图 9-21　柚果金合欢醇与辛酸己酯的关系

3. 己酸己酯比例与其他 5 种物质比例的关系　己酸己酯比例与柠檬烯比例关系（图 9-22）表明，己酸己酯比例与柠檬烯比例呈极显著负相关，回归方程 $Y=-0.000\,1X^2+0.011\,9X+0.103\,8$（$r=-0.722^{**}$，$n=116$，$r_{0.05}=0.182$，$r_{0.01}=0.238$）。

己酸己酯比例与香叶烯比例关系（图 9-23）表明，己酸己酯比例与香叶烯比例呈极显著正相关，回归方程 $Y=-1.308\,3X^2+1.142\,7X+0.032\,6$（$r=0.584^{**}$，$n=116$，$r_{0.05}=0.182$，$r_{0.01}=0.238$）。

己酸己酯比例与巴伦比亚橘烯比例关系（图 9-24）表明，己酸己酯比例与巴伦比亚橘烯比例呈极显著正相关，回归方程 $Y=-0.214\,6X^2+0.431\,9X+0.078\,1$（$r=0.636^{**}$，$n=116$，$r_{0.05}=0.182$，$r_{0.01}=0.238$）。

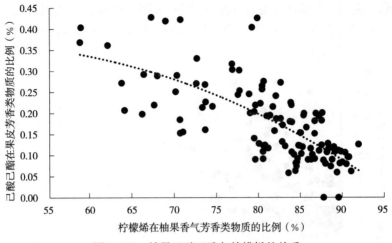

图 9 - 22　柚果己酸己酯与柠檬烯的关系

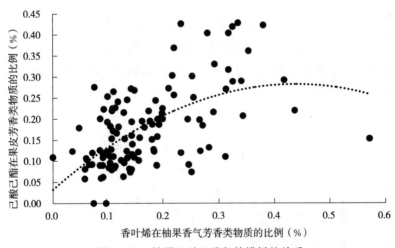

图 9 - 23　柚果己酸己酯与柠檬烯的关系

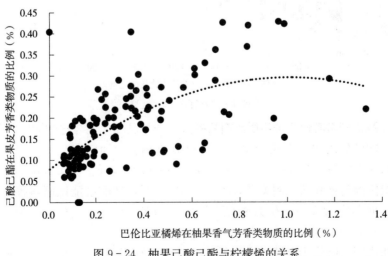

图 9 - 24　柚果己酸己酯与柠檬烯的关系

己酸己酯比例与人参烯比例关系（图9-25）表明，己酸己酯比例与人参烯比例呈极显著正相关，回归方程 $Y=-0.234\,7X^2+0.435\,1X+0.100\,3$（$r=0.511^{**}$，$n=116$，$r_{0.05}=0.182$，$r_{0.01}=0.238$）。

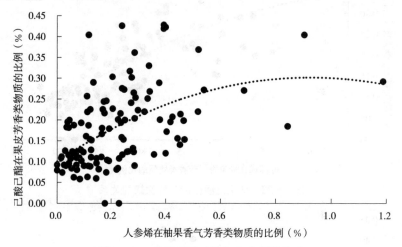

图9-25　柚果己酸己酯与人参烯的关系

己酸己酯比例与辛酸己酯比例关系（图9-26）表明，己酸己酯比例与辛酸己酯比例呈极显著正相关，回归方程 $Y=-1.302\,5X^2+0.900\,4X+0.120\,4$（$r=0.549^{**}$，$n=116$，$r_{0.05}=0.182$，$r_{0.01}=0.238$）。

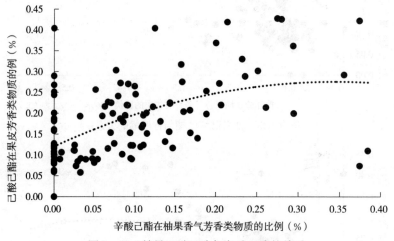

图9-26　柚果己酸己酯与辛酸己酯的关系

4. 辛酸己酯比例与其他4种物质比例的关系　辛酸己酯比例与柠檬烯比例关系（图9-27）表明，辛酸己酯比例与柠檬烯比例呈极显著负相关，回归方程 $Y=-8\times10^{-5}X^2+0.007\,2X+0.065\,0$（$r=-0.470^{**}$，$n=116$，$r_{0.05}=0.182$，$r_{0.01}=0.238$）。

辛酸己酯比例与香叶烯比例关系（图9-28）表明，辛酸己酯比例与香叶烯比例呈极显著正相关，回归方程 $Y=-0.186\,7X^2+0.640\,7X-0.014\,3$（$r=0.557^{**}$，$n=116$，$r_{0.05}=0.182$，$r_{0.01}=0.238$）。

辛酸己酯比例与巴伦比亚橘烯比例关系（图9-29）表明，辛酸己酯比例与巴伦比亚

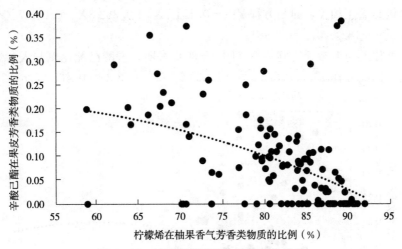

图 9-27　柚果辛酸己酯与柠檬烯的关系

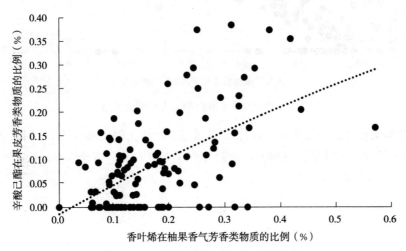

图 9-28　柚果辛酸己酯与香叶烯的关系

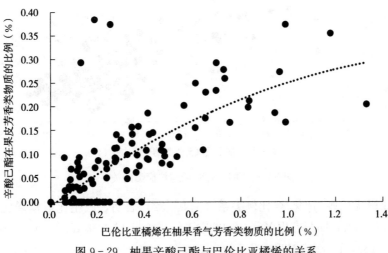

图 9-29　柚果辛酸己酯与巴伦比亚橘烯的关系

橘烯比例呈极显著正相关，回归方程 $Y=-0.101\,7X^2+0.362\,3X-0.008\,7$（r=0.724**，n=116，$r_{0.05}=0.182$，$r_{0.01}=0.238$）。

辛酸己酯比例与人参烯比例关系（图9-30）表明，辛酸己酯比例与人参烯比例呈极显著正相关，回归方程 $Y=-0.227\,3X^2+0.409X-0.001\,58$（r=0.465**，n=116，$r_{0.05}=0.182$，$r_{0.01}=0.238$）。

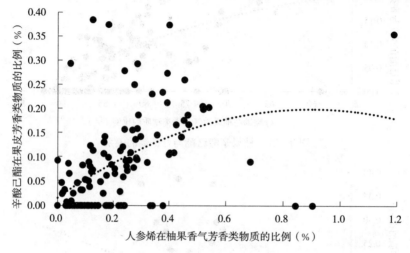

图9-30　柚果辛酸己酯与人参烯的关系

5. 萜烯类化合物的相互关系　柠檬烯比例与香叶烯比例关系（图9-31）表明，香叶烯比例与柠檬烯比例呈极显著负相关，回归方程 $Y=-0.008\,3X+0.848\,4$（r=-0.664**，n=116，$r_{0.05}=0.182$，$r_{0.01}=0.238$）。

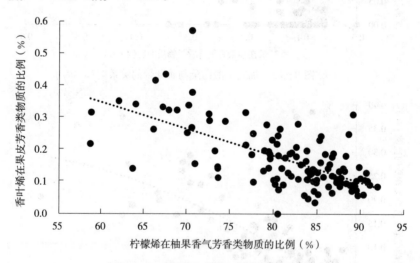

图9-31　柚果香叶烯与柠檬烯的关系

巴伦比亚橘烯比例与柠檬烯比例关系（图9-32）表明，巴伦比亚橘烯比例与柠檬烯比例呈极显著负相关，回归方程 $Y=-0.000\,4X^2+0.039\,1X-0.127\,2$（r=-0.710**，n=116，$r_{0.05}=0.182$，$r_{0.01}=0.238$）。

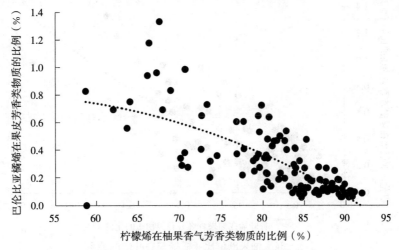

图 9-32 柚果巴伦比亚橘烯与柠檬烯的关系

人参烯比例与柠檬烯比例关系（图 9-33）表明，人参烯比例与柠檬烯比例呈极显著负相关，回归方程 $Y=0.0002X^2-0.0453X+2.7189$（$r=-0.723^{**}$，$n=116$，$r_{0.05}=0.182$，$r_{0.01}=0.238$）。

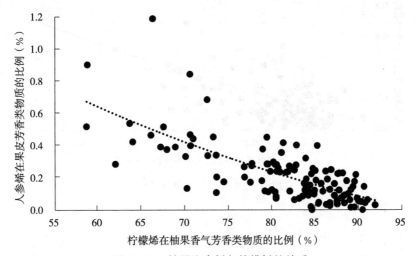

图 9-33 柚果人参烯与柠檬烯的关系

巴伦比亚橘烯比例与香叶烯比例关系（图 9-34）表明，巴伦比亚橘烯比例与香叶烯比例呈极显著正相关，回归方程 $Y=2.1178X^2+0.9983X+0.0628$（$r=0.721^{**}$，$n=116$，$r_{0.05}=0.182$，$r_{0.01}=0.238$）。

人参烯比与例叶香烯比例关系（图 9-35）表明，人参烯比例与香叶烯比例呈极显著正相关，回归方程 $Y=0.4594X^2+0.8670X+0.0585$（$r=0.551^{**}$，$n=116$，$r_{0.05}=0.182$，$r_{0.01}=0.238$）。

人参烯比例与巴伦比亚橘烯比例关系（图 9-36）表明，人参烯比例与巴伦比亚橘烯比例呈极显著正相关，回归方程 $Y=0.0377X^2+0.4229X+0.0849$（$r=0.652^{**}$，$n=116$，$r_{0.05}=0.182$，$r_{0.01}=0.238$）。

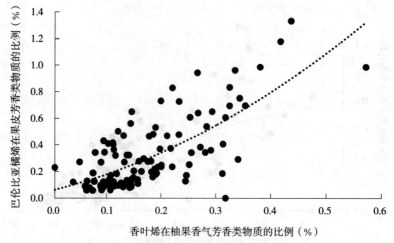

图 9 - 34　柚果巴伦比亚橘烯与香叶烯的关系

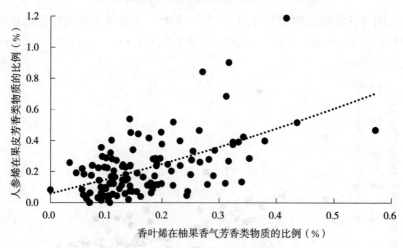

图 9 - 35　柚果人参烯与香叶烯的关系

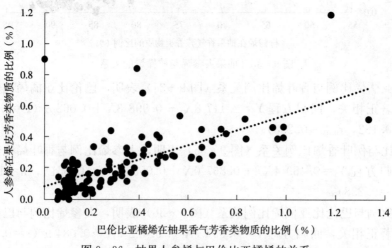

图 9 - 36　柚果人参烯与巴伦比亚橘烯的关系

第五节　小　　结

①影响沙田柚柚果香气的 8 种化学物质：萜烯类 4 个（柠檬烯、香叶烯、巴伦比亚橘烯、人参烯）、酯类 2 个（辛酸己酯、己酸己酯）、醇类 1 个（金合欢醇）、酮类 1 个（卡诺酮）。8 种物质与柚果香气相关性为：卡诺酮（r＝0.665**）、巴伦比亚橘烯（r＝0.619**）、辛酸己酯（r＝0.603**）、金合欢醇（r＝0.521**）、己酸己酯（r＝0.515**）、人参烯（r＝0.478**）、柠檬烯（r＝0.436**）、香叶烯（r＝0.390**）。

②柚果香气产生的 8 种物质之间的最大相关系数（包括一元一次、一元二次、对数回归等）见表 9-2。

表 9-2　柚果香气产生的 8 种物质之间的相关性

	卡诺酮	巴伦比亚橘烯	辛酸己酯	金合欢醇	己酸己酯	人参烯	柠檬烯	香叶烯
卡诺酮	1							
巴伦比亚橘烯	0.913**	1						
辛酸己酯	0.728**	0.724**	1					
金合欢醇	0.705**	0.723**	0.577**	1				
己酸己酯	0.683**	0.636**	0.549**	0.561**	1			
人参烯	0.748**	0.652**	0.465**	0.568**	0.511**	1		
柠檬烯	−0.845**	−0.710**	−0.470**	−0.575**	−0.722**	−0.723**	1	
香叶烯	0.680**	0.721**	0.557**	0.474**	0.584**	0.551**	−0.664**	1

注：$r_{0.05}＝0.182$，$r_{0.01}＝0.238$，$n＝116$。

③柚果香气等级高的判别条件：巴伦比亚橘烯比例＞0.20％，金合欢醇比例＞0.20％，卡诺酮比例＞5.0％，人参烯比例＞0.20％，辛酸己酯比例＞0.10％，柠檬烯比例＜80％，香叶烯比例＞0.15％，己酸己酯比例＞0.10％。

④对 8 种物质与香气进行多元回归，得到 Y（沙田柚柚果香气等级）＝f（卡诺酮 X_1；巴伦比亚橘烯 X_2；辛酸己酯 X_3；金合欢醇 X_4；己酸己酯 X_5；人参烯 X_6；柠檬烯 X_7；香叶烯 X_8）＝$-5.274\,98＋0.252\,54X_1-1.211\,22X_2＋1.012\,11X_3＋0.478\,32X_4＋2.321\,32X_5＋0.797\,17X_6＋0.078\,77X_7＋0.793\,83X_8$（$r＝0.641$**，$r_{0.05}＝0.182$，$r_{0.01}＝0.238$，$n＝116$）。8 种化学物质与柚果香气等级的自回归误差：最大误差为 2.12，最小误差为−0.01，误差平均值为 0.65。116 个样本中 75.0％的样本预测误差小于 1.0，见表 9-3。

表 9-3　基于 8 种物质的柚果香气等级的自回归值

样本编号	柚果香气等级（y）	柚果香气等级自回归值（y′）	自回归误差（y′−y）
1	4.00	3.99	−0.01
2	3.00	3.04	0.04
3	3.00	3.06	0.06

（续）

样本编号	柚果香气等级（y）	柚果香气等级自回归值（y'）	自回归误差（$y'-y$）
4	4.00	3.93	−0.07
5	2.00	2.08	0.08
6	3.00	2.92	−0.08
7	2.00	2.08	0.08
8	3.00	2.91	−0.09
9	4.00	4.09	0.09
10	2.00	2.09	0.09
11	4.00	4.10	0.10
12	2.00	2.13	0.13
13	3.00	3.13	0.13
14	2.00	1.85	−0.15
15	2.00	2.16	0.16
16	3.00	2.82	−0.18
17	2.00	2.19	0.19
18	4.00	3.80	−0.20
19	3.00	2.78	−0.22
20	2.00	2.22	0.22
21	3.00	3.24	0.24
22	4.00	3.76	−0.24
23	3.00	3.26	0.26
24	4.00	3.74	−0.26
25	3.00	2.73	−0.27
26	2.00	2.28	0.28
27	4.00	3.72	−0.28
28	4.00	3.71	−0.29
29	3.00	2.68	−0.32
30	4.00	3.68	−0.32
31	2.00	2.32	0.32
32	2.00	2.34	0.34
33	2.00	2.34	0.34
34	4.00	3.65	−0.35
35	2.00	2.36	0.36
36	2.00	2.37	0.37
37	2.00	2.37	0.37
38	4.00	3.61	−0.39

（续）

样本编号	柚果香气等级（y）	柚果香气等级自回归值（y'）	自回归误差（$y'-y$）
39	3.00	2.61	−0.39
40	4.00	3.61	−0.39
41	3.00	3.40	0.40
42	2.00	2.41	0.41
43	4.00	3.59	−0.41
44	4.00	4.42	0.42
45	2.00	2.43	0.43
46	4.00	3.56	−0.44
47	4.00	3.55	−0.45
48	2.00	2.46	0.46
49	3.00	3.46	0.46
50	4.00	4.47	0.47
51	4.00	4.47	0.47
52	4.00	3.51	−0.49
53	2.00	2.49	0.49
54	4.00	4.49	0.49
55	2.00	2.51	0.51
56	3.00	2.48	−0.52
57	2.00	2.52	0.52
58	2.00	2.52	0.52
59	4.00	4.52	0.52
60	2.00	2.53	0.53
61	4.00	3.47	−0.53
62	2.00	2.55	0.55
63	4.00	3.44	−0.56
64	2.00	2.56	0.56
65	3.00	2.43	−0.57
66	2.00	2.58	0.58
67	2.00	2.62	0.62
68	3.00	2.37	−0.63
69	4.00	3.36	−0.64
70	3.00	2.35	−0.65
71	4.00	3.34	−0.66
72	4.00	3.32	−0.68
73	2.00	2.69	0.69

（续）

样本编号	柚果香气等级（y）	柚果香气等级自回归值（y'）	自回归误差（$y'-y$）
74	2.00	2.70	0.70
75	3.00	3.70	0.70
76	2.00	2.71	0.71
77	2.00	2.74	0.74
78	4.00	3.25	−0.75
79	3.00	2.22	−0.78
80	4.00	3.16	−0.84
81	4.00	3.15	−0.85
82	1.00	1.85	0.85
83	4.00	3.15	−0.85
84	2.00	2.87	0.87
85	3.00	2.12	−0.88
86	4.00	3.09	−0.91
87	4.00	3.03	−0.97
88	2.00	3.03	1.03
89	1.00	2.05	1.05
90	2.00	3.05	1.05
91	4.00	2.94	−1.06
92	4.00	2.86	−1.14
93	4.00	2.86	−1.14
94	4.00	2.84	−1.16
95	1.00	2.18	1.18
96	4.00	2.80	−1.20
97	4.00	2.78	−1.22
98	4.00	2.76	−1.24
99	1.00	2.24	1.24
100	4.00	2.76	−1.24
101	4.00	2.76	−1.24
102	2.00	3.26	1.26
103	1.00	2.27	1.27
104	1.00	2.28	1.28
105	1.00	2.28	1.28
106	4.00	2.68	−1.32
107	2.00	3.35	1.35
108	4.00	2.64	−1.36

（续）

样本编号	柚果香气等级（y）	柚果香气等级自回归值（y'）	自回归误差（$y'-y$）
109	1.00	2.36	1.36
110	4.00	2.64	−1.36
111	4.00	2.62	−1.38
112	4.00	2.59	−1.41
113	1.00	2.46	1.46
114	4.00	2.51	−1.49
115	3.00	4.69	1.69
116	2.00	4.12	2.12

# 第十章　沙田柚果肉蜜味等级与柚果香气等级关系研究

第一节　研究内容和研究方法

　　研究目标：建立通过沙田柚柚果（果皮）香气等级诊断果肉蜜味等级的方法。

　　研究内容：以容县沙田柚为研究对象，对沙田柚果肉蜜味等级与柚果（果皮）香气等级关系进行研究。

　　研究方法：使用统计分析中的回归方法。

第二节　柚果香气等级与果肉蜜味等级关系

　　1. 基于果肉蜜味等级的柚果香气 4 等级变化　以果肉蜜味等级为基础，将其分为 1、2、3、4 等级，柚果香气 4 等级的数量见表 10 - 1。可见：柚果香气 4 等级数量/果肉蜜味各等级数量百分比与果肉蜜味等级呈正相关，随着果肉蜜味等级的提高，柚果香气 4 等级的比例增加。可通过柚果香气等级确定果肉蜜味等级。

表 10 - 1　果肉蜜味等级与柚果香气中 4 等级数量的关系

果肉蜜味等级 （X）	果肉蜜味各等级数量 （A）	对应果肉蜜味等级的柚果香气 4 等级的数量（B）	B/A 百分率 （Y）
1	12	2	16.67
2	29	8	27.59
3	39	13	33.33
4	36	24	66.67

　　2. 基于果肉蜜味等级的柚果香气 3、4 等级变化　以果肉蜜味等级为基础，将其分为 1、2、3、4 等级，柚果香气 3、4 等级数量见表 10 - 2。可见：柚果香气 3、4 等级数量/果肉蜜味各等级数量百分比与果肉蜜味等级呈正相关，随着果肉蜜味等级的提高，柚果香气 3、4 等级的比例增加。可通过柚果香气等级确定果肉蜜味等级。

表 10 - 2　果肉蜜味等级与柚果香气中 3、4 等级数量的关系

果肉蜜味等级 （X）	果肉蜜味各等级数量 （A）	对应果肉蜜味等级的柚果香气 3、4 等级之和数量（B）	B/A 百分率 （Y）
1	12	2	16.67

（续）

果肉蜜味等级 （X）	果肉蜜味各等级数量 （A）	对应果肉蜜味等级的柚果香气 3、4 等级之和数量（B）	B/A 百分率 （Y）
2	29	11	37.93
3	39	25	64.10
4	36	32	88.89

3. 基于柚果香气等级的果肉蜜味 4 等级变化　以柚果香气等级为基础，将其分为 1、2、3、4 等级，对应香气等级的果肉蜜味 4 等级的数量见表 10 - 3。可见：果肉蜜味 4 等级数量/柚果香气各等级数量百分比率与柚果香气等级呈正相关，随着柚果香气等级的提高，果肉蜜味 4 等级的比例增加。可通过柚果香气等级确定果肉蜜味等级。

表 10 - 3　柚果香气等级与果肉蜜味中 4 等级数量的关系

柚果香气等级 （X）	柚果香气各等级数量 （A）	对应柚果香气等级的果肉蜜味 4 等级的数量（B）	B/A 百分率 （Y）
1	9	0	0
2	37	4	10.81
3	23	9	39.13
4	47	24	51.06

4. 基于柚果香气等级的果肉蜜味 3、4 等级变化　以柚果香气等级为基础，将其分为 1、2、3、4 等级，对应香气等级的果肉蜜味 3、4 等级的数量见表 10 - 4。可见：果肉蜜味 3、4 等级数量/柚果香气各等级数量百分比率与柚果香气等级呈正相关，随着柚果香气等级的提高，果肉蜜味 4 等级的比例增加。可通过柚果香气等级确定果肉蜜味等级。

表 10 - 4　柚果香气等级与果肉蜜味中 3、4 等级数量的关系

柚果香气等级 （X）	柚果香气各等级数量 （A）	对应柚果香气等级的果肉蜜味 3、4 等级的数量（B）	B/A 百分率 （Y）
1	9	3	33.33
2	37	15	40.54
3	23	20	86.96
4	47	37	78.72

第三节　小　结

沙田柚果肉蜜味等级和柚果香气等级是一致的，说明通过柚果（果皮）嗅到的香气越浓，果肉蜜味的浓度越高，为通过人工方法鉴定沙田柚蜜味等级提供了科学依据和简易方法。

第十一章 沙田柚柚果香气、果肉蜜味与下垫面条件关系研究

第一节 研究内容和研究方法

研究目标：明确沙田柚柚果香气、果肉蜜味与下垫面条件的关系。

研究内容：以容县沙田柚为研究对象，确定沙田柚柚果香气、果肉蜜味与下垫面条件的对应关系，为选地和栽培措施的制定提供科学依据。

研究方法：使用统计分析中的回归方法。

第二节 沙田柚柚果香气与下垫面条件关系研究

1. 树龄 表11-1为沙田柚柚果香气等级与树龄关系，结果表明：①10年以上树龄2、3、4等级之和超过94％；②15年以上树龄3、4等级之和在70％左右。说明树龄长，柚果香气等级高的比例增加。

表11-1 沙田柚柚果香气等级与树龄关系

树龄（年）	2、3、4等级之和（％）	3、4等级之和（％）	样本数（个）
＜5	89.26	68.15	22
6～10	83.69	58.22	25
11～15	94.29	53.05	24
16～20	100.00	71.43	7
21～25	94.44	69.05	15
＞25	100.00	70.84	13

2. 长势等级 表11-2为沙田柚柚果香气等级与长势关系，结果表明：长势等级之间的柚果香气等级比例差异不大。

表11-2 沙田柚柚果香气等级与长势等级关系

长势等级	2、3、4等级之和（％）	3、4等级之和（％）	样本数（个）
弱	100.00	50.00	6
中等	91.80	60.66	61

（续）

长势等级	2、3、4 等级之和（%）	3、4 等级之和（%）	样本数（个）
旺盛	91.11	60.00	45

3. 地形部位　表 11-3 为沙田柚柚果香气等级与地形部位关系，结果表明：地形部位之间的柚果香气等级比例差异不大。

表 11-3　沙田柚柚果香气等级与地形部位关系

地形部位	2、3、4 等级之和（%）	3、4 等级之和（%）	样本数（个）
底部	100.00	66.67	21
中部	90.74	61.11	54
顶部	95.24	71.43	21

4. 坡度　表 11-4 为沙田柚柚果香气等级与坡度关系，结果表明：①坡度 40°以上时，柚果香气等级高的比例大；②坡度 65°以上时，柚果香气等级高的比例下降。

表 11-4　沙田柚柚果香气等级与坡度关系

坡度（°）	2、3、4 等级之和（%）	3、4 等级之和（%）	样本数（个）
0	76.92	46.15	13
20	92.31	46.15	13
40	94.74	57.89	19
45	88.89	50.00	18
50	100.00	62.50	16
60	100.00	71.43	7
65	100.00	66.67	6
75	77.78	66.67	9

5. 坡向　表 11-5 为沙田柚柚果香气等级与坡向关系，结果表明：①坡向为西南、东北、正南的柚果香气等级高的比例大；②西北、正西的柚果香气等级高的比例小。

表 11-5　沙田柚柚果香气等级与坡向关系

坡向	2、3、4 等级之和（%）	3、4 等级之和（%）	样本数（个）
西南	100.00	70.00	10
东北	100.00	69.23	13
正南	100.00	66.67	6
正东	96.77	61.29	31
正北	91.67	66.67	12
东南	85.71	71.43	7
西北	85.71	42.86	7
正西	83.33	58.33	12

6. 乡镇 表 11-6 为不同乡镇的沙田柚柚果香气等级比例，结果表明：①灵山、杨梅、十里、县底 4 个乡镇的柚果香气等级高的比例大；②乡镇之间的柚果香气等级差异较大，乡镇位置反映的是下垫面综合情况，说明下垫面对柚果香气等级影响较大。

表 11-6　不同乡镇沙田柚柚果香气等级

乡镇	2、3、4 等级之和（%）	3、4 等级之和（%）	样本数（个）
灵山	100.00	100.00	5
杨梅	100.00	100.00	5
十里	100.00	66.67	9
县底	100.00	61.54	13
荣州	96.00	56.00	25
浪水	90.91	54.55	11
石寨	90.00	80.00	10
松山	87.50	50.00	8
自良	83.33	44.44	18
六王	77.78	55.56	9

第三节　沙田柚果肉蜜味与下垫面条件关系研究

1. 树龄 表 11-7 为沙田柚果肉蜜味等级与树龄关系，结果表明：11～20 年果肉蜜味高等级比例大。

表 11-7　沙田柚果肉蜜味等级与树龄关系

树龄（年）	2、3、4 等级之和（%）	3、4 等级之和（%）	样本数（个）
<5	100.00	68.15	22
6～10	78.69	58.81	25
11～15	90.48	73.33	24
16～20	100.00	71.43	7
21～25	88.89	56.35	15
>25	91.67	62.50	13

2. 长势等级 表 11-8 为沙田柚果肉蜜味等级与长势关系，结果表明：①长势中等果肉蜜味等级高的比例大；②长势旺盛果肉蜜味等级高的比例次之；③长势弱果肉蜜味等级高的比例最低。

表 11-8　沙田柚果肉蜜味等级与长势等级关系

长势等级	2、3、4 等级之和（%）	3、4 等级之和（%）	样本数（个）
弱	83.33	33.33	6

（续）

长势等级	2、3、4 等级之和（%）	3、4 等级之和（%）	样本数（个）
中等	93.44	72.13	61
旺盛	85.67	57.78	45

3. 地形部位　表 11-9 为沙田柚果肉蜜味等级与地形部位关系，结果表明：顶部的沙田柚果肉蜜味等级高的比例高于底部和中部地形部位。

表 11-9　沙田柚果肉蜜味等级与地形部位关系

地形部位	2、3、4 等级之和（%）	3、4 等级之和（%）	样本数（个）
底部	90.48	71.43	21
中部	90.74	64.81	54
顶部	100.00	80.95	21

4. 坡度　表 11-10 为沙田柚果肉蜜味等级与坡度关系，结果表明：坡度 40°以上时，果肉蜜味等级高的比例大。

表 11-10　沙田柚果肉蜜味等级与坡度关系

坡度（°）	2、3、4 等级之和（%）	3、4 等级之和（%）	样本数（个）
0	69.23	38.46	13
20	84.62	46.15	13
40	94.74	57.89	19
45	94.44	66.67	18
50	100.00	81.25	16
60	85.71	71.43	7
65	100.00	83.33	6
75	100.00	77.78	9

5. 坡向　表 11-11 为沙田柚果肉蜜味等级与坡向关系，结果表明：①坡向为东北、正南、西南的果肉均有蜜味；②其他坡向的果肉蜜味比例减小。

表 11-11　沙田柚果肉蜜味等级与坡向关系

坡向	2、3、4 等级之和（%）	3、4 等级之和（%）	样本数（个）
东北	100.00	76.92	13
正南	100.00	50.00	6
西南	100.00	40.00	10
正西	91.67	91.67	12
正北	91.67	66.67	12
东南	85.71	71.43	7
西北	85.71	71.43	7
正东	83.87	58.06	31

6. 乡镇　表 11-12 为不同乡镇的沙田柚果肉蜜味等级比例，结果表明：①石寨、县底、灵山、杨梅、客州 5 个乡镇果肉蜜味等级高的比例大；浪水果肉蜜味等级高的比例

小；②乡镇之间的柚果香气等级差异较大，乡镇位置反映的是下垫面综合情况，说明下垫面对柚果香气等级影响较大。

表 11 - 12　不同乡镇沙田柚果肉蜜味等级关系

乡镇	2、3、4 等级之和（%）	3、4 等级之和（%）	样本数（个）
石寨	100.00	90.00	10
县底	100.00	84.62	13
灵山	100.00	80.00	5
杨梅	100.00	80.00	5
容州	100.00	68.00	25
自良	94.44	55.56	18
十里	88.89	88.89	9
六王	88.89	66.67	9
松山	87.50	50.00	8
浪水	36.36	18.18	11

第四节　小　　结

表 11 - 13 为沙田柚柚果香气、果肉蜜味与下垫面条件关系汇总结果。

表 11 - 13　容县沙田柚柚果香气和果肉蜜味与下垫面条件关系

项目	柚果香气高的条件	果肉蜜味高的条件	香气和蜜味高的共同条件	人为调控方法
树龄	11 年以上	11～20 年份	11 年以上	管理
长势等级	—	长势中等	长势中等	管理
地形部位	—	顶部	顶部	选地
坡度	40°～65°	40°以上	40°以上	选地
坡向	西南、正南、东北	西南、正南、东北、正西	西南、正南、东北	选地
乡镇	灵山、杨梅、十里、县底	石寨、县底、灵山、杨梅、十里	县底、灵山、杨梅、十里	选区域

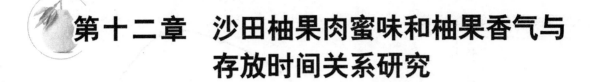

第十二章 沙田柚果肉蜜味和柚果香气与存放时间关系研究

第一节 研究内容和研究方法

　　研究目标：确定沙田柚柚果香气、果肉蜜味与常温存放时间的关系；确定容县沙田柚在保证品质的前提下的最长存放时间。

　　研究内容：以容县沙田柚为研究对象，测定不同存放时间沙田柚柚果香气、果肉蜜味等级，并研究其随常温存放时间增加的变化规律。

　　研究方法：使用统计分析中的回归方法。

　　测试数据：测试数据见表 12-1。

表 12-1 1～7 批样品果肉蜜味和柚果香气测试数据

批次	有效样本	果肉蜜味 3、4 等级数量 (Y_1)	柚果香气 3、4 等级数量 (Y_2)	柚果香气 3、4 等级中果肉蜜味 3、4 等级数量	柚果香气 3、4 等级中果肉蜜味 3、4 等级百分比 (Y_3)（%）
1	56	26	18	14	77.78
2	56	27	31	19	61.29
3	56	33	33	23	69.70
4	56	42	45	37	82.22
5	55	47	51	44	86.27
6	53	48	51	47	92.16
7	50	38	43	35	81.40

第二节 沙田柚果肉蜜味和柚果香气变化观测数据

　　1. 果肉蜜味 3、4 等级数量（Y_1）变化趋势　图 12-1 为 1～7 批样品果肉蜜味 3、4 等级数量（Y_1）的变化趋势，结果表明：果肉蜜味 3、4 等级数量随存放时间增加而增加，其中 1～6 批样品在 0～108d 随存放时间的增加果肉蜜味变浓，而后第 7 批（第 123 天）由于时间过长，果肉蜜味变质。

　　2. 柚果香气 3、4 等级数量（Y_2）变化趋势　图 12-2 为 1～7 批样品柚果香气 3、4 等级数量（Y_2）的变化趋势，结果表明：柚果香气 3、4 等级数量随存放时间增加而增加，其中 1～6 批样品在 0～108d 随存放时间的增加柚果香气变浓，而后第 7 批（第 123 天）由于时间过长，柚果香气变质。

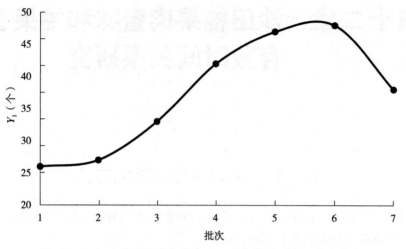

图 12-1　1～7 批样品果肉蜜味 3、4 等级数量（Y_1）变化趋势

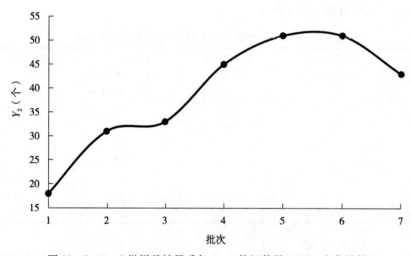

图 12-2　1～7 批样品柚果香气 3、4 等级数量（Y_2）变化趋势

3. 柚果香气 3、4 等级中果肉蜜味 3、4 等级数量比例（Y_3）变化趋势　图 12-3 为 1～7 批样品柚果香气 3、4 等级中果肉蜜味 3、4 等级数量比例（Y_3）的变化趋势，结果表明：柚果香气 3、4 等级中果肉蜜味 3、4 等级数量比例随存放时间增加而增加，第七批时间过长，品质变质。

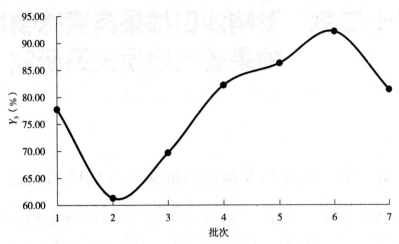

图 12-3 1～7 批样品柚果香气 3、4 等级中果肉蜜味 3、4 等级数量比例（Y_3）变化趋势

第三节 小 结

 沙田柚常温常态（裸果）存放时间最长 15 周约 108d，在 108d 以内果肉蜜味和柚果香气随存放时间增加而增加，超过这个天数品质可能变差。

 值得注意的是，这里没有考虑从第五批（2022 年 1 月 26 日）开始出现 1 个，第六批 2 个，第七批 3 个腐败果。如果考虑腐败果，容县沙田柚常温常态的安全存放时间为 49d，非腐败果蜜香味品质保质安全期为 108d。

第十三章 影响沙田柚果肉蜜味物质与柚果香气物质关系研究

第一节 糖度与 8 种影响柚果香气物质的关系

糖度与人参烯比例关系：图 13-1 表明糖度与人参烯比例呈极显著正相关，回归方程 $Y=-7.425\,4X^2+7.778\,2X+11.954$（$r=0.336^{**}$，$n=116$，$r_{0.05}=0.182$，$r_{0.01}=0.238$）。

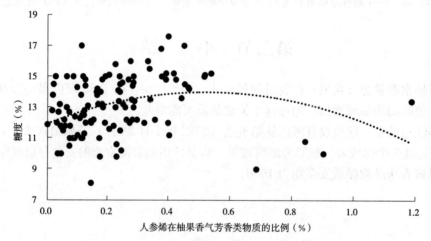

图 13-1 果肉糖度与柚果人参烯比例的关系

糖度与柠檬烯比例关系：图 13-2 表明糖度与柠檬烯比例呈极显著负相关，回归方程

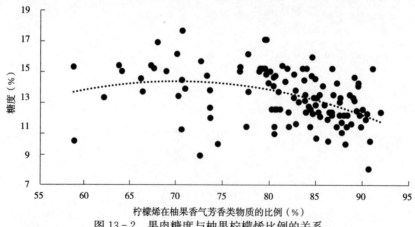

图 13-2 果肉糖度与柚果柠檬烯比例的关系

$Y=-0.005\ 8X^2+0.808\ 7X-14.215$（$r=-0.409^{**}$，$n=116$，$r_{0.05}=0.182$，$r_{0.01}=0.238$）。

　　糖度与金合欢醇比例关系：图13-3表明糖度与金合欢醇比例呈极显著正相关，回归方程$Y=-2.229\ 6X^2+5.198\ 4X+12.238$（$r=0.407^{**}$，$n=116$，$r_{0.05}=0.182$，$r_{0.01}=0.238$）。

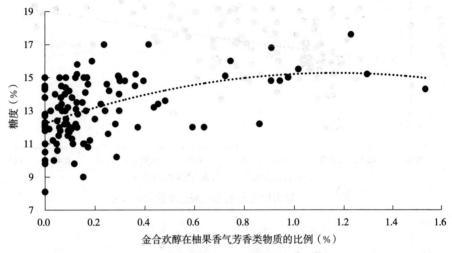

图13-3　果肉糖度与柚果金合欢醇比例的关系

　　糖度与巴伦比亚橘烯比例关系：图13-4表明糖度与巴伦比亚橘烯比例呈极显著正相关，回归方程$Y=-2.177\ 3X^2+5.375\ 6X+11.742$（$r=0.468^{**}$，$n=116$，$r_{0.05}=0.182$，$r_{0.01}=0.238$）。

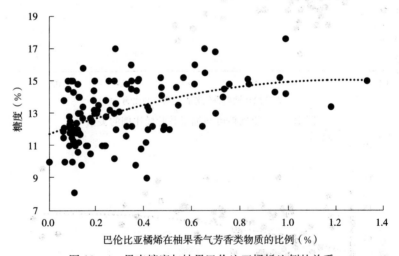

图13-4　果肉糖度与柚果巴伦比亚橘烯比例的关系

　　糖度与己酸己酯比例关系：图13-5表明糖度与己酸己酯比例呈极显著正相关，回归方程$Y=2.541\ 5X^2+6.165\ 7X+11.868$（$r=0.373^{**}$，$n=116$，$r_{0.05}=0.182$，$r_{0.01}=0.238$）。

　　糖度与香叶烯比例关系：图13-6表明糖度与香叶烯比例呈极显著正相关，回归方程$Y=-0.690\ 4X^2+5.165\ 8X+12.21$（$r=0.253^{**}$，$n=116$，$r_{0.05}=0.182$，$r_{0.01}=0.238$）。

　　糖度与辛酸己酯比例关系：图13-7表明糖度与辛酸己酯比例呈极显著正相关，回归方程$Y=-21.819X^2+15.062X+12.105$（$r=0.470^{**}$，$n=116$，$r_{0.05}=0.182$，$r_{0.01}=0.238$）。

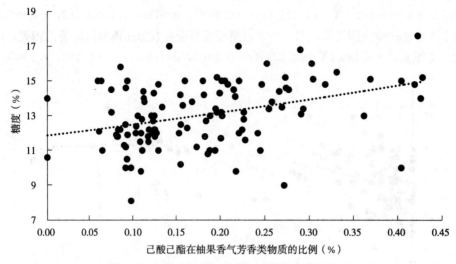

图 13-5 果肉糖度与柚果己酸己酯比例的关系

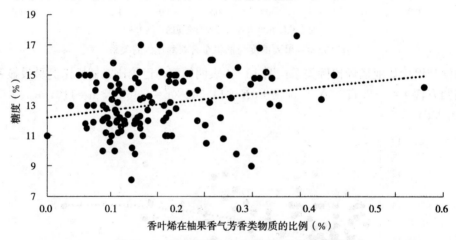

图 13-6 果肉糖度与柚果香叶烯比例的关系

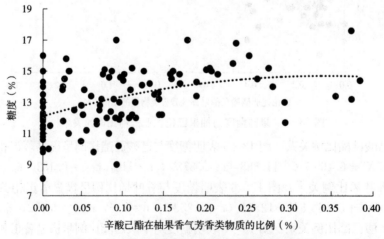

图 13-7 果肉糖度与柚果辛酸己酯比例的关系

糖度与卡诺酮比例关系：图 13-8 表明糖度与卡诺酮比例呈极显著正相关，回归方程 $Y=-0.008\ 3X^2+0.346\ 7X+11.631$（$r=0.459^{**}$，$n=116$，$r_{0.05}=0.182$，$r_{0.01}=0.238$）。

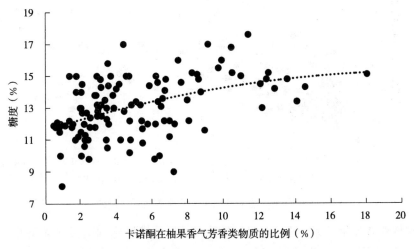

图 13-8　果肉糖度与柚果卡诺酮比例的关系

第二节　总酚含量与 8 种影响柚果香气物质的关系

总酚与人参烯比例关系：图 13-9 表明总酚与人参烯比例不具有显著相关性，回归方程 $Y=29.536X+143.97$（$r=0.121$，$n=116$，$r_{0.05}=0.182$，$r_{0.01}=0.238$）。

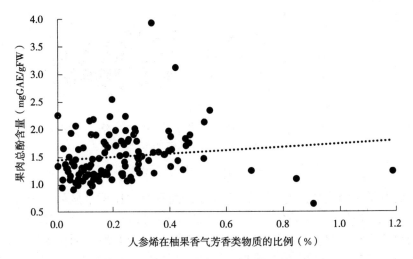

图 13-9　果肉总酚与柚果人参烯比例的关系

总酚与巴伦比亚橘烯比例关系：图 13-10 表明总酚与巴伦比亚橘烯比例呈极显著正相关，回归方程 $Y=-133.77X^2+191.85X+112.75$（$r=0.418^{**}$，$n=116$，$r_{0.05}=0.182$，$r_{0.01}=0.238$）。

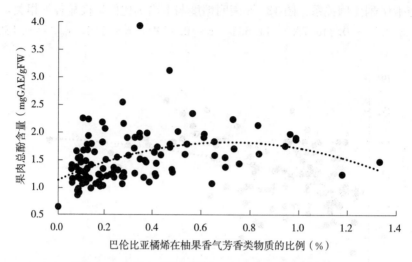

图 13-10 果肉总酚与柚果巴伦比亚橘烯比例的关系

总酚与柠檬烯比例关系：图 13-11 表明总酚与柠檬烯比例呈极显著负相关，回归方程 $Y=-0.105\ 2X^2+14.885X-358.09$（$r=-0.279^{**}$，$n=116$，$r_{0.05}=0.182$，$r_{0.01}=0.238$）。

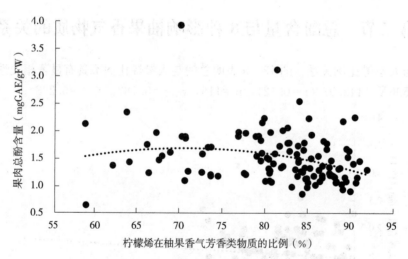

图 13-11 果肉总酚与柚果柠檬烯比例的关系

总酚与香叶烯比例关系：图 13-12 表明总酚与香叶烯比例呈显著正相关，回归方程 $Y=-146.52X^2+151.87X+130.23$（$r=0.182^*$，$n=116$，$r_{0.05}=0.182$，$r_{0.01}=0.238$）。

总酚与金合欢醇比例关系：图 13-13 表明总酚与金合欢醇比例呈极显著正相关，回归方程 $Y=-61.751X^2+106.01X+135.9$（$r=0.296^{**}$，$n=116$，$r_{0.05}=0.182$，$r_{0.01}=0.238$）。

总酚与己酸己酯比例关系：图 13-14 表明总酚与己酸己酯比例呈极显著正相关，回归方程 $Y=-280.25X^2+282.14X+111.71$（$r=0.336^{**}$，$n=116$，$r_{0.05}=0.182$，$r_{0.01}=0.238$）。

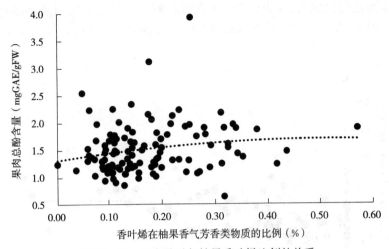

图 13-12 果肉总酚与柚果香叶烯比例的关系

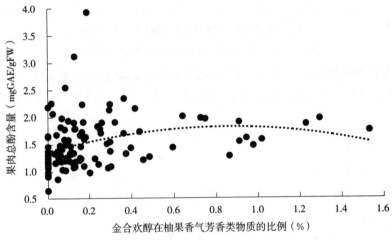

图 13-13 果肉总酚与柚果金合欢醇比例的关系

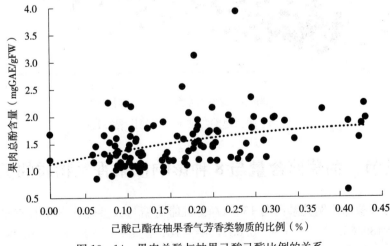

图 13-14 果肉总酚与柚果己酸己酯比例的关系

总酚与辛酸己酯比例关系：图 13-15 表明总酚与辛酸己酯比例呈极显著正相关，回归方程 $Y = -313.7X^2 + 225.53X + 135.97$（$r = 0.288^{**}$，$n = 116$，$r_{0.05} = 0.182$，$r_{0.01} = 0.238$）。

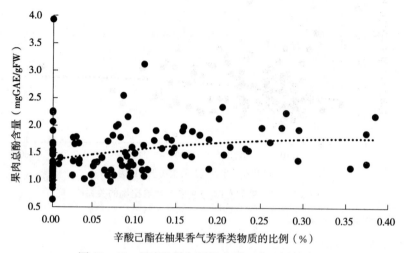

图 13-15　果肉总酚与柚果辛酸己酯比例的关系

总酚与卡诺酮比例关系：图 13-16 表明总酚与卡诺酮比例呈极显著正相关，回归方程 $Y = -0.290\ 8X^2 + 9.147\ 1X + 115.52$（$r = 0.409^{**}$，$n = 116$，$r_{0.05} = 0.182$，$r_{0.01} = 0.238$）。

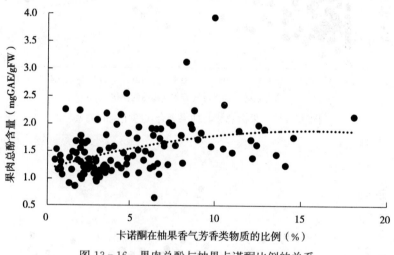

图 13-16　果肉总酚与柚果卡诺酮比例的关系

第三节　葡萄糖含量与 8 种影响柚果香气物质的关系

葡萄糖与人参烯比例关系：图 13-17 表明葡萄糖与人参烯比例不具有显著相关性，回归方程 $Y = 489.65e^{-0.037X}$（$r = -0.032$，$n = 116$，$r_{0.05} = 0.182$，$r_{0.01} = 0.238$）。

葡萄糖与巴伦比亚橘烯比例关系：图 13-18 表明葡萄糖与巴伦比亚橘烯比例呈极显

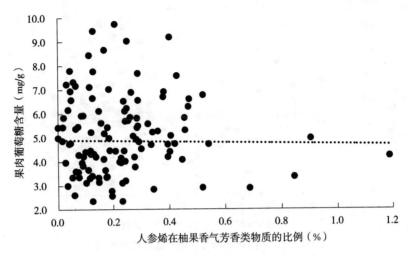

图 13-17　果肉葡萄糖与柚果人参烯比例的关系

著正相关，回归方程 $Y=-466.17X^2+561.18X+412.58$（$r=0.299^{**}$，$n=116$，$r_{0.05}=0.182$，$r_{0.01}=0.238$）。

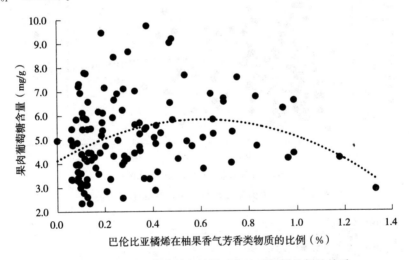

图 13-18　果肉葡萄糖与柚果巴伦比亚橘烯比例的关系

　　葡萄糖与柠檬烯比例关系：图 13-19 表明葡萄糖与柠檬烯比例不具有显著相关性，回归方程 $Y=-0.048\,3X^2+6.176\,5X+330.64$（$r=-0.064$，$n=116$，$r_{0.05}=0.182$，$r_{0.01}=0.238$）。

　　葡萄糖与香叶烯比例关系：图 13-20 表明葡萄糖与香叶烯比例呈显著正相关，回归方程 $Y=-1\,292.5X^2+853.19X+414.23$（$r=0.187^*$，$n=116$，$r_{0.05}=0.182$，$r_{0.01}=0.238$）。

　　葡萄糖与金合欢醇比例关系：图 13-21 表明葡萄糖与金合欢醇比例没有达到显著相关水平，回归方程 $Y=52.219X+499.3$（$r=0.095$，$n=116$，$r_{0.05}=0.182$，$r_{0.01}=0.238$）。

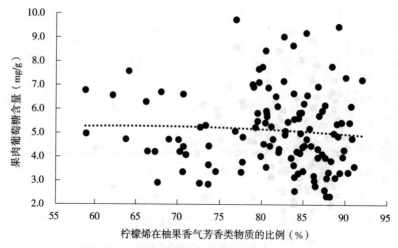

图 13-19　果肉葡萄糖与柚果柠檬烯比例的关系

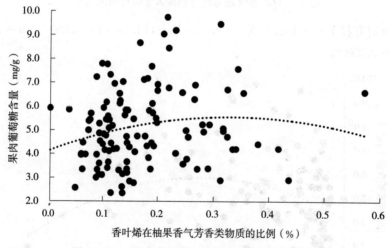

图 13-20　果肉葡萄糖与柚果香叶烯比例的关系

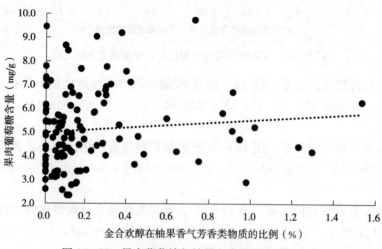

图 13-21　果肉葡萄糖与柚果金合欢醇比例的关系

葡萄糖与己酸己酯比例关系：图 13-22 表明葡萄糖与己酸己酯比例呈显著正相关，回归方程 $Y = -2\ 716.7X^2 + 1\ 397.6X + 371.7$（$r = 0.224^*$，$n = 116$，$r_{0.05} = 0.182$，$r_{0.01} = 0.238$）。

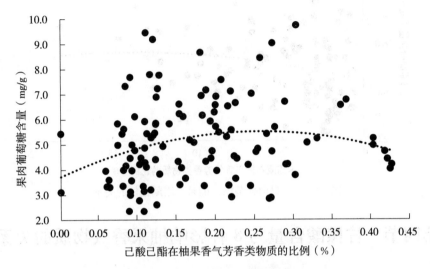

图 13-22　果肉葡萄糖与柚果己酸己酯比例的关系

葡萄糖与辛酸己酯比例关系：图 13-23 表明葡萄糖与辛酸己酯比例呈显著正相关，回归方程 $Y = -2\ 110X^2 + 988.5X + 458.87$（$r = 0.224^*$，$n = 116$，$r_{0.05} = 0.182$，$r_{0.01} = 0.238$）。

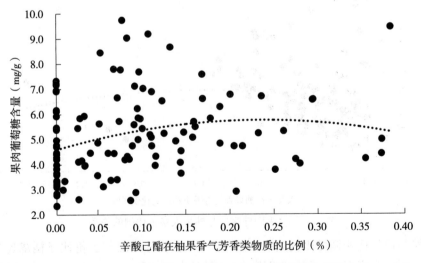

图 13-23　果肉葡萄糖与柚果辛酸己酯比例的关系

葡萄糖与卡诺酮比例关系：图 13-24 表明葡萄糖与卡诺酮比例呈显著正相关，回归方程 $Y = -0.660\ 7X^2 + 18.228X + 443.89$（$r = 0.206^*$，$n = 116$，$r_{0.05} = 0.182$，$r_{0.01} = 0.238$）。

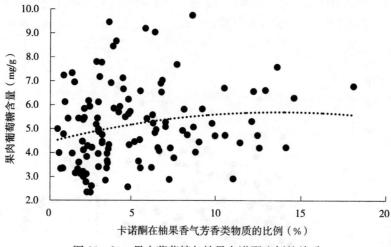

图 13 - 24　果肉葡萄糖与柚果卡诺酮比例的关系

第四节　柠檬酸含量与 8 种影响柚果香气物质的关系

柠檬酸与人参烯比例关系：图 13 - 25 表明柠檬酸与人参烯比例未达到显著相关，回归方程 $Y = -6.974\ 8X^2 + 8.097X + 15.211$（r＝0.139，n＝116，$r_{0.05}$＝0.182，$r_{0.01}$＝0.238）。

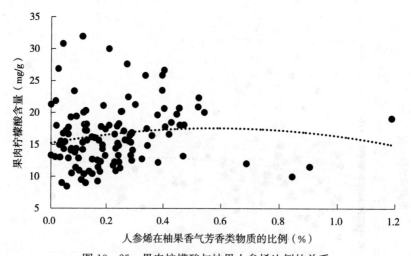

图 13 - 25　果肉柠檬酸与柚果人参烯比例的关系

柠檬酸与巴伦比亚橘烯比例关系：图 13 - 26 表明柠檬酸与巴伦比亚橘烯比例呈极显著正相关，回归方程 $Y = -1.903\ 7X^2 + 7.528X + 14.386$（r＝0.313**，n＝116，$r_{0.05}$＝0.182，$r_{0.01}$＝0.238）。

柠檬酸与柠檬烯比例关系：图 13 - 27 表明柠檬酸与柠檬烯比例呈显著负相关，回归方程 $Y = -0.004\ 6X^2 + 0.580\ 3X - 0.135\ 6$（r＝-0.218*，n＝116，$r_{0.05}$＝0.182，$r_{0.01}$＝0.238）。

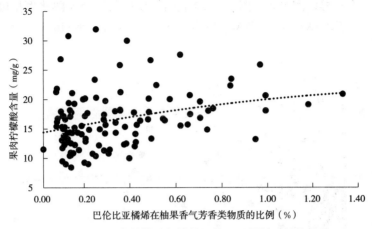

图 13-26 果肉柠檬酸与柚果巴伦比亚橘烯比例的关系

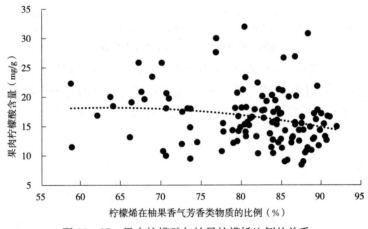

图 13-27 果肉柠檬酸与柚果柠檬烯比例的关系

柠檬酸与香叶烯比例关系：图 13-28 表明柠檬酸与香叶烯比例不呈显著相关性，回归方程 $Y=29.841X^2-6.4309X+16.392$（r=0.171，n=116，$r_{0.05}=0.182$，$r_{0.01}=0.238$）。

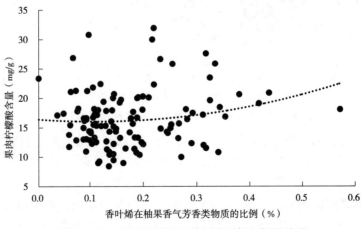

图 13-28 果肉柠檬酸与柚果香叶烯比例的关系

柠檬酸与金合欢醇比例关系：图 13 - 29 表明柠檬酸与金合欢醇比例呈极显著正相关，回归方程 $Y = -4.792\ 4X^2 + 10.079X + 14.89$（$r = 0.324^{**}$，$n = 116$，$r_{0.05} = 0.182$，$r_{0.01} = 0.238$）。

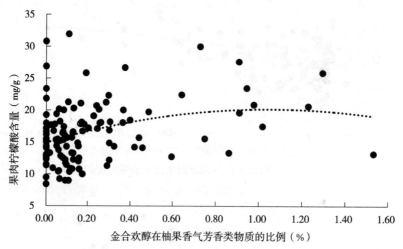

图 13 - 29　果肉柠檬酸与柚果金合欢醇比例的关系

柠檬酸与己酸己酯比例关系：图 13 - 30 表明柠檬酸与己酸己酯比例呈极显著正相关，回归方程 $Y = 36.406X^2 - 2.915\ 6X + 15.483$（$r = 0.268^{**}$，$n = 116$，$r_{0.05} = 0.182$，$r_{0.01} = 0.238$）。

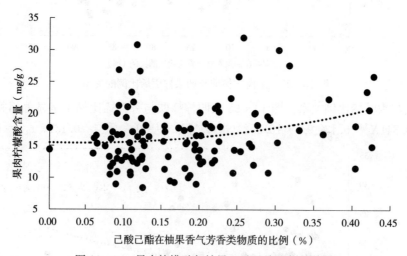

图 13 - 30　果肉柠檬酸与柚果己酸己酯比例的关系

柠檬酸与辛酸己酯比例关系：图 13 - 31 表明柠檬酸与辛酸己酯比例呈极显著正相关，回归方程 $Y = -72.095X^2 + 34.014X + 14.643$（$r = 0.309^{**}$，$n = 116$，$r_{0.05} = 0.182$，$r_{0.01} = 0.238$）。

柠檬酸与卡诺酮比例关系：图 13 - 32 表明柠檬酸与卡诺酮比例呈极显著正相关，回归方程 $Y = 0.439\ 6X + 14.21$（$r = 0.334^{**}$，$n = 116$，$r_{0.05} = 0.182$，$r_{0.01} = 0.238$）。

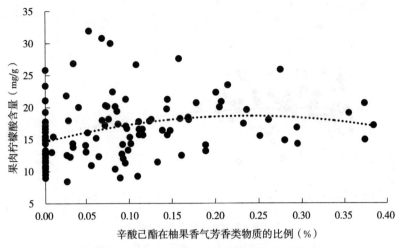

图 13-31　果肉柠檬酸与柚果辛酸己酯比例的关系

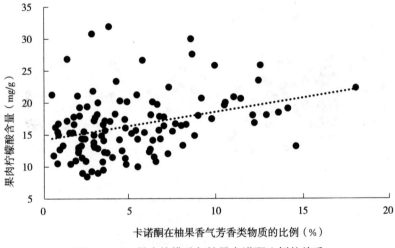

图 13-32　果肉柠檬酸与柚果卡诺酮比例的关系

第五节　维生素 C 含量与 8 种影响柚果香气物质的关系

维生素 C 与人参烯比例关系：图 13-33 表明维生素 C 与人参烯比例未达到显著相关性，回归方程 $Y=-0.217\ 2X^2+0.084\ 6X+0.5491$（$r=0.164$，$n=116$，$r_{0.05}=0.182$，$r_{0.01}=0.238$）。

维生素 C 与巴伦比亚橘烯比例关系：图 13-34 表明维生素 C 与巴伦比亚橘烯比例不具有显著相关性，回归方程 $Y=0.0263X+0.541\ 3$（$r=0.048$，$n=116$，$r_{0.05}=0.182$，$r_{0.01}=0.238$）。

维生素 C 与柠檬烯比例关系：图 13-35 表明维生素 C 与柠檬烯比例未达到显著相关性，回归方程 $Y=-0.000\ 2X^2+0.030\ 4X-0.574\ 5$（$r=0.104$，$n=116$，$r_{0.05}=0.182$，$r_{0.01}=0.238$）。

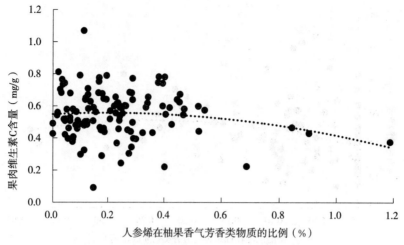

图 13-33　果肉维生素 C 与柚果人参烯比例的关系

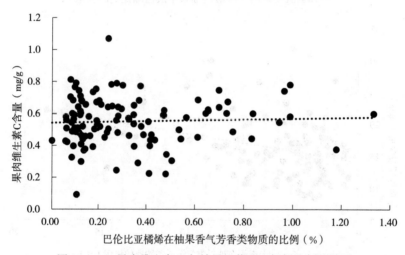

图 13-34　果肉维生素 C 与柚果巴伦比亚橘烯比例的关系

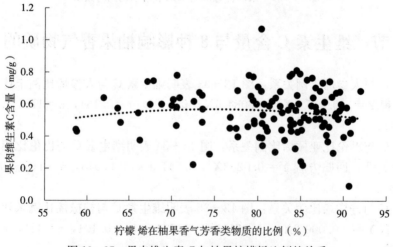

图 13-35　果肉维生素 C 与柚果柠檬烯比例的关系

维生素 C 与香叶烯比例关系：图 13-36 表明维生素 C 与香叶烯比例不具有显著相关性，回归方程 $Y=0.329\,2X^2-0.100\,8X+0.554\,2$（r＝0.046，n＝116，$r_{0.05}$＝0.182，$r_{0.01}$＝0.238）。

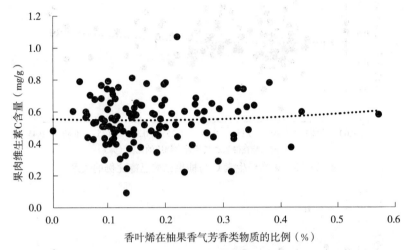

图 13-36　果肉维生素 C 与柚果香叶烯比例的关系

维生素 C 与金合欢醇比例关系：图 13-37 表明维生素 C 与金合欢醇比例未达到显著相关性，回归方程 $Y=0.144\,3X^2-0.130\,2X+0.558\,4$（r＝0.136，n＝116，$r_{0.05}$＝0.182，$r_{0.01}$＝0.238）。

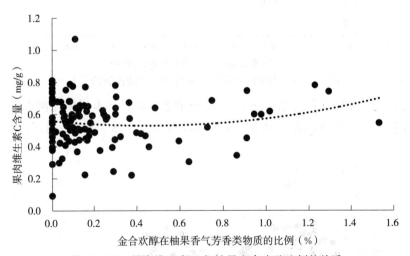

图 13-37　果肉维生素 C 与柚果金合欢醇比例的关系

维生素 C 与己酸己酯比例关系：图 13-38 表明维生素 C 与己酸己酯比例未达到显著相关性，回归方程 $Y=0.914\,2X^2-0.196\,8X+0.547\,7$（r＝0.147，n＝116，$r_{0.05}$＝0.182，$r_{0.01}$＝0.238）。

维生素 C 与辛酸己酯比例关系：图 13-39 表明维生素 C 与辛酸己酯比例未达到显著相关性，回归方程 $Y=1.219X^2-0.132\,2X+0.540\,8$（r＝0.175，n＝116，$r_{0.05}$＝0.182，$r_{0.01}$＝0.238）。

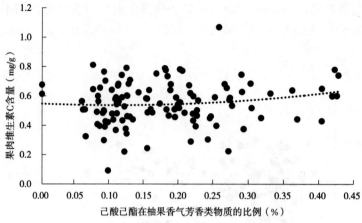

图 13 - 38　果肉维生素 C 与柚果己酸己酯比例的关系

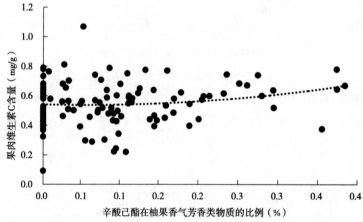

图 13 - 39　果肉维生素 C 与柚果辛酸己酯比例的关系

维生素 C 与卡诺酮比例关系：图 13 - 40 表明维生素 C 与卡诺酮比例不具有显著相关性，回归方程 $Y=-0.000\,4X^2+0.006\,5X+0.531\,7$（$r=0.050$，$n=116$，$r_{0.05}=0.182$，$r_{0.01}=0.238$）。

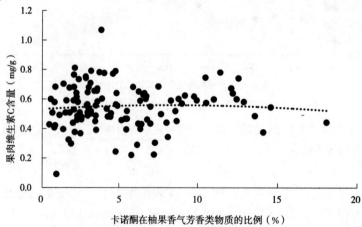

图 13 - 40　果肉维生素 C 与柚果卡诺酮比例的关系

第六节　小　　结

影响果肉蜜味的果肉 5 种物质和影响柚果香气的果皮 8 种物质间相关性不显著，不适宜建立高精度的预测模型。

第十四章 关于沙田柚果肉蜜味与柚果香气物质的综合研究

第一节 关于沙田柚果肉蜜味的研究结论

①沙田柚果肉蜜味与果肉 5 种关键物质密切相关。

②果肉 5 种关键物质与果肉蜜味等级相关系数排序如下：糖度（r＝0.803**）、维生素 C（r＝0.531**）、总酚（r＝0.498**）、柠檬酸（r＝0.376**）、葡萄糖（r＝0.373**）。

③5 种物质与果肉蜜味等级的回归方程为：Y（沙田柚果肉蜜味等级）＝f（糖度 X_1；维生素 C X_2；总酚 X_3；柠檬酸 X_4；葡萄糖 X_5）＝－2.804 39＋0.336 23X_1＋0.964 5X_2＋0.001 88X_3＋0.008 60X_4＋0.000 61X_5（r＝0.814**，$r_{0.05}$＝0.182，$r_{0.01}$＝0.238，n＝116）。

④果肉蜜味等级高的判别条件：糖度＞12%，维生素 C 含量＞0.5mg/g，总酚含量＞150mg/100g，柠檬酸含量＞16mg/g，葡萄糖含量＞400mg/g。

⑤5 种化学物质与果肉蜜味等级之间的回归模型的自回归误差为：最大误差－1.51，最小误差－0.01，平均误差 0.47。116 个样本中 92.2% 的样本自回归误差小于 1.0（1 个等级）。

第二节 关于沙田柚柚果香气的研究结论

①沙田柚柚果香气与果皮 8 种关键物质密切相关。

②果皮 8 种关键物质与柚果香气等级相关系数排序如下：卡诺酮（r＝0.665**）、巴伦比亚橘烯（r＝0.619**）、辛酸己酯（r＝0.603**）、金合欢醇（r＝0.521**）、己酸己酯（r＝0.515**）、人参烯（r＝0.478**）、柠檬烯（r＝0.436**）、香叶烯（r＝0.390**）。

③8 种物质与柚果香气等级的回归方程为：Y（沙田柚柚果香气等级）＝f（卡诺酮 X_1；巴伦比亚橘烯 X_2；辛酸己酯 X_3；金合欢醇 X_4；己酸己酯 X_5；人参烯 X_6；柠檬烯 X_7；香叶烯 X_8）＝－5.274 98＋0.252 54X_1－1.211 22X_2＋1.012 11X_3＋0.478 32X_4＋2.321 32X_5＋0.797 17X_6＋0.078 77X_7＋0.793 83X_8（r＝0.641**，$r_{0.05}$＝0.182，$r_{0.01}$＝0.238，n＝116）。

④柚果香气等级高的判别条件：巴伦比亚橘烯比例＞0.20%，金合欢醇比例＞0.20%，卡诺酮比例＞5.0%，人参烯比例＞0.20%，辛酸己酯比例＞0.10%，柠檬烯比例＜80%，香叶烯比例＞0.15%，己酸己酯比例＞0.10%。

⑤8 种化学物质与柚果香气等级之间的回归模型的自回归误差为：最大误差为 2.12，

最小误差为－0.01，误差平均值为0.65。116个样本中75.0%的样本预测误差小于1.0。

第三节　关于沙田柚果肉蜜味与柚果
香气等级关系的研究结论

沙田柚果肉蜜味等级和柚果香气等级是一致的，通过柚果（果皮）嗅到的香气浓淡等级可以诊断果肉蜜味等级，为通过沙田柚柚果（果皮）在无损伤情况下诊断果肉蜜味等级，即通过柚果香气诊断果肉蜜味方法提供了科学依据。

第四节　关于沙田柚柚果香气、果肉蜜味与
下垫面条件关系的研究结论

在沙田柚选地方面：ⓐ由于不同乡镇的下垫面条件不同，直接影响到沙田柚的蜜味和香气，因此，选择种植区域尤为重要；ⓑ坡度40°以上的蜜味和香气等级高，可能是因为坡度大，成熟期的降水难以保留在土壤中，这将有利于糖度的积累和蜜味、香气的提高；ⓒ在地形部位上，坡顶蜜味和香气等级高；ⓓ在坡向上，西南、正南、东北的蜜味和香气等级高。

在沙田柚管理方面：ⓐ树龄11年以上的蜜味和香气等级高；ⓑ长势中等的蜜味和香气等级高。

第五节　关于沙田柚存放时间的研究结论

沙田柚常温常态环境最长存放时间15周约108d，在108d以内果肉蜜味和柚果香气随存放时间增加而增加，可以视为沙田柚的后熟过程，超过108d后品质可能会出现劣化逆变。参考存放时间的第五批次（2022年1月26日）开始出现腐败果，推测容县沙田柚在常温常态（裸果）下的安全存放时间为49d，非腐败正常果蜜香味品质非劣化逆变保质期为108d。

第六节　影响果肉蜜味5种物质和影响柚果
香气8种物质之间关系的研究结论

没有发现有效的预测模型可以通过影响果肉蜜味的5种物质预测影响柚果香气的8种物质之中的任何一种关系模型。

第七节　关于果肉糖度与果肉蜜味等级
关系的定量化研究结论

表14-1为116个样本的果肉糖度与蜜味等级关系数据，从中可以获得以下研究结论：①果肉糖度＞13.5%的柚果中果肉蜜味为3和4级（蜜味中和浓等级）的概率为

97.83％；②果肉糖度≥12％的柚果中果肉蜜味为2、3、4级（有蜜味的3个等级）的概率为100.00％；③果肉糖度≥11％的柚果中果肉蜜味为2、3、4级（有蜜味的3个等级）的概率为98.10％；④果肉糖度＜11％的柚果中果肉蜜味为1级（没有蜜味）的概率为81.82％。说明糖度（可溶性固定物含量％）是决定果肉蜜味等级的主要指标。

表14-1　果肉糖度与蜜味等级关系

编号	糖度(%)	蜜味等级	编号	糖度(%)	蜜味等级	编号	糖度(%)	蜜味等级	编号	糖度(%)	蜜味等级
3	12.7	4	30	10.0	3	17	10.0	2	42	8.1	1
7	12.8	4	28	11.5	3	1	11.0	2	44	9	1
64	13.0	4	6	11.7	3	4	11.0	2	37	9.8	1
75	13.2	4	8	11.8	3	9	11.0	2	54	9.8	1
82	13.4	4	22	11.9	3	27	11.0	2	33	10	1
86	13.4	4	24	11.9	3	38	11.0	2	57	10.2	1
26	13.8	4	5	12.0	3	68	11.0	2	31	10.5	1
41	13.8	4	104	12.0	3	92	11.2	2	45	10.6	1
48	14.0	4	60	12.2	3	29	11.3	2	46	10.8	1
102	14.1	4	85	12.2	3	11	11.5	2	55	11	1
76	14.2	4	93	12.2	3	79	11.6	2	65	11.2	1
99	14.2	4	96	12.2	3	12	11.8	2			
50	14.3	4	56	12.3	3	13	11.8	2			
84	14.4	4	34	12.5	3	20	11.8	2			
81	14.5	4	72	12.8	3	43	11.8	2			
90	14.5	4	35	13.0	3	15	12.0	2			
91	14.6	4	49	13.0	3	25	12.0	2			
115	14.6	4	66	13.0	3	71	12.0	2			
103	14.8	4	18	13.1	3	78	12.0	2			
108	14.8	4	62	13.2	3	105	12.0	2			
39	15.0	4	73	13.2	3	23	12.1	2			
58	15.0	4	80	13.2	3	14	12.2	2			
74	15.0	4	77	13.4	3	108	12.2	2			
88	15.0	4	52	13.5	3	51	12.4	2			
83	15.1	4	59	13.6	3	32	12.5	2			
105	15.1	4	69	13.8	3	19	12.7	2			
63	15.2	4	47	14.0	3	2	13.0	2			
98	15.2	4	97	14.0	3	67	13.0	2			
100	15.2	4	89	14.3	3	101	13.5	2			
112	15.5	4	94	14.4	3	21	15.0	2			
36	15.8	4	16	14.5	3						
95	16.0	4	40	14.8	3						
109	16.0	4	111	14.8	3						
116	16.8	4	113	14.8	3						
87	17.0	4	10	15.0	3						
110	17.0	4	53	15.0	3						
114	17.6	4	61	15.0	3						
			70	15.0	3						

第八节　综合研究结论

①糖度与果肉蜜味、柚果（果皮）香气呈极显著正相关，即提高糖度就是提高蜜味和香气浓度；调节糖度就是调节蜜味和香气浓度。

②研究结果表明：产量高糖度高，因此提高产量就是提高糖度，间接提高蜜味和香气浓度[77]。

③容县沙田柚蜜味、香气与糖度的指标方向是一致的，说明甜、蜜、香是容县沙田柚的品质特征。

参考文献
REFERENCES

[1] 周开隆，叶荫民.中国果树志柑橘卷［M］.北京：中国林业出版社，2009：83-91.

[2] 何天富.中国柚类栽培［M］.北京：中国农业出版社，1999：3-15.

[3] 黄建华，侯钊泉.提高梅州沙田柚品质途径［J］.嘉应大学学报（自然科学），1995（1）：130-134.

[4] 黄茂栋，苏丽欣，赖国宜.梅州沙田柚采摘时间研究［J］.安徽农业科学，2008（8）：3209-3210，3233.

[5] 吴纯善.浅析沙田柚品质的影响因素［J］.农家参谋，2021，688（7）：179-180.

[6] 夏桂红.浅析沙田柚品质的影响因素［J］.南方农业，2019，13（8）：24-25.

[7] 刘书田，区燕丽，侯彦林，等.遮雨棚和薄膜覆盖对沙田柚可溶性固形物含量的影响［J］.吉林农业大学学报，2022，44（3）：300-306.DOI：10.13327/j.jjlau.2022.1650.

[8] 刁俊明，李娘辉，陈大清.不同采收期对沙田柚采后品质的影响［J］.湖北农学院学报，1998（3）：45-48.

[9] 杨静娴，钟永辉，何娣，等.不同种植条件对沙田柚糖度品质的影响研究［J］.农产品加工，2020，508（14）：13-18.DOI：10.16693/j.cnki.1671-9646（X）.2020.07.038.

[10] 胡位荣，刘顺枝，刘承晏.沙田柚幼果期套袋对果实品质的影响［J］.福建果树，1998（3）：7-8，22.

[11] 刘萍，黄春霞，邓光宙，等.低温贮藏和薄膜贮藏对沙田柚果实品质的影响［J］.北方园艺，2015，347（20）：114-117.

[12] 王宣英，何祖任，曾沛繁.试谈提高桂林市沙田柚果实品质的途径［J］.广西园艺，2004（3）：10-11.

[13] 苏登峰，高深.沙田柚品质综合调控技术［J］.现代农业科技，2019，742（8）：75-76.

[14] 罗秀荣，陈新泉，钟小坚.梅州沙田柚品质良莠不齐的原因及对策［J］.中国果业信息，2005（12）：14-15.

[15] 覃孝维.改进栽培技术提高沙田柚产量及外观品质的措施［J］.柑橘与亚热带果树信息，2001（10）：23-24.

[16] 张利文，张财源，李嘉斌.梅州市冻害年份提高沙田柚品质的栽培技术［J］.现代园艺，2009，165（4）：51-52.

[17] 杨昌鹏，赵小龙，李鼎伟，等.矫正施肥对提高容县沙田柚品质与产量的研究［J］.广东农业科学，2013，40（6）：74-76.DOI：10.16768/j.issn.1004-874x.2013.06.054.

[18] 利新红，崔芸，钟永辉，等.有机肥替代化肥对柚园土壤养分及沙田柚品质的影响［J］.浙江柑橘，2022，39（1）：24-29.DOI：10.13906/j.cnki.zjgj.1009-0584.2022.01.007.

[19] 邹永翠，陈大超，黄正明，等.三种有机肥对长寿沙田柚产量和品质的影响试验初报［J］.南方农业，2013，7（8）：35-38.DOI：10.19415/j.cnki.1673-890x.2013.08.016.

[20] 聂磊，刘鸿先.有机肥对沙田柚果实品质的影响初探［J］.广东农业科学，2001（2）：31-34.DOI：10.16768/j.issn.1004-874x.2001.02.014.

[21] 区善汉，林林，刘冰浩，等. 虾肽有机肥对沙田柚叶片与果实品质及果园土壤养分的影响 [J]. 中国农学通报，2021，37（3）：105-111.

[22] 李淑仪，廖新荣，廖观荣，等. 沙田柚系列专用肥对柚果产量和品质的影响 [J]. 土壤与环境，2000（3）：246-248. DOI：10.16258/j. cnki. 1674-5906. 2000.03.020.

[23] 何静，黄桂香，卢美英. 不同肥料类型对沙田柚果实品质的影响试验初报 [J]. 广西园艺，2006（4）：14-15.

[24] 罗来辉. 施锌对沙田柚果实品质的影响 [J]. 嘉应学院学报，2010，28（5）：71-74.

[25] 涂常青，王开峰，温欣荣，等. 沙田柚主产区土壤养分状况与果实品质关系初探 [J]. 中国生态农业学报，2009，17（6）：1128-1131.

[26] 熊森基，吴海波，黄霖. 梅县沙田柚测土配方施肥试验初报 [J]. 广东农业科学，2009，229（4）：43-44. DOI：10.16768/j. issn. 1004-874x. 2009.04.043.

[27] 刘福平，陈东奎，黄宏明，等. 容县沙田柚果实品质与叶片和果实矿质养分分析 [J]. 中国南方果树，2022，51（6）：22-26. DOI：10.13938/j. issn. 1007-1431. 20220204.

[28] 李淑仪，廖新荣，彭少麟，等. 梅州沙田柚品质与叶片营养元素相关性研究 [J]. 生态科学，2000（2）：73-76.

[29] 吴丰年，戴泽翰，郑昱，等. 柑橘黄龙病菌对沙田柚田间性状和果实品质的影响 [J]. 华南农业大学学报，2020，41（3）：63-71.

[30] 王飞燕，张瑞敏，吴文，等. 柑橘黄龙病对沙田柚树体特性和果实品质的影响 [J]. 热带作物学报，2020，41（9）：1847-1855.

[31] Chen H Z, Xu L L, Tang G Q, et al. Rapid detection of surface color of shatian pomelo using Vis-NIR spectrometry for the identification of maturity [J]. Food analytical methods, 2016, 9：192-201.

[32] Yang X, Zhong S, Sun H, et al. Study and Application on Cloud Covered Rate for Agroclimatical Distribution Using In Guangxi Based on Modis Data [C] //Computer and Computing Technologies in Agriculture II, Volume 1：The Second IFIP International Conference on Computer and Computing Technologies in Agriculture (CCTA2008), October 18-20, 2008, Beijing, China 2. Springer US, 2009：275-284.

[33] 苏艳兰，刘功德，艾静汶，等. 甘草沙田柚柚子皮加工工艺 [J]. 安徽农业科学，2019，47（2）：169-171.

[34] 陈顺南. 广东省梅州市沙田柚产业的发展现状与对策研究 [D]. 武汉：华中农业大学，2010：1-14.

[35] 胡勇. 提高长寿沙田柚产量和品质的技术途径 [J]. 乡村科技，2019，0（23）：89-90.

[36] 周荣芳. 梅县沙田柚生长发育与气候条件的关系 [J]. 现代农业科技，2011（17）：278-278，282.

[37] 张利，王振兴，黄正明，等. 长寿沙田柚土壤营养分析及施肥建议 [J]. 中国南方果树，2014，43（5）：59-61. DOI：10.13938/j. issn. 1007-1431. 2014.05.023.

[38] 刘流. 沙田柚高产栽培与气象条件关系分析 [J]. 广西气象，1994（1）：36-38，44.

[39] 梁敏妍，谢维斯，彭端，等. 仁化长坝沙田柚的气候适宜性及其变化趋势分析 [J]. 广东气象，2019，41（5）：58-61.

[40] 郭淑敏，陈印军，苏永秀，等. 广西沙田柚精细化农业气候区划与应用研究 [J]. 气象与环境科学，2010，33（4）：16-20. DOI：10.16765/j. cnki. 1673-7148. 2010.04.014.

[41] 陶丽，黄桂珍. 提高广西长寿沙田柚产量和品质的关键技术 [J]. 中国园艺文摘，2013，29（9）：185-186.

[42] 仝瑞建，杨晓红，蒋猛．长寿沙田柚无菌苗培育研究 [J]．中国农学通报，2005（8）：278-281.

[43] 钟进良，黄静，马瑞丰，等．梅州沙田柚深加工现状与发展对策 [J]．中国园艺文摘，2012，28（7）：41-42.

[44] 彭玉娇，崔婷婷，崔学宇，等．立地条件及空间冠层对沙田柚品质的影响 [J]．种子，2019，38（11）：129-132，135. DOI：10.16590/j. cnki. 1001-4705. 2019. 11. 129.

[45] 熊伟，夏仁斌，吴正亮，等．重庆三峡库区柑橘园土壤酸性转化原因初探 [J]．中国南方果树，2010，39（3）：12-14. DOI：10.13938/j. issn. 1007-1431. 2010. 03. 006.

[46] 何善安，彭埃天，方青，等．粤西北地区丘陵山地沙田柚高效栽培技术 [J]．广西园艺，2008（3）：52-53＋55.

[47] 张利文，张财源．梅州市气象因素对沙田柚生长的影响及其栽培技术 [J]．农业科技通讯，2011，475（7）：218-219.

[48] 胡莉，左艳萍，李黎，等．重庆长寿沙田柚的农业气候分析 [J]．科技信息，2010，340（20）：745-748.

[49] 覃孝维．改进栽培技术提高沙田柚产量及外观品质的措施 [J]．柑橘与亚热带果树信息，2001（10）：23-4.

[50] 陈小梅，黄美莲．气象因素和栽培技术对沙田柚产量的影响 [J]．现代园艺，2013，233（5）：13，33. DOI：10.14051/j. cnki. xdyy. 2013. 05. 033.

[51] 曾杨，林志雄，潘建平，等．梅州市沙田柚生产现状及发展对策 [J]．广东农业科学，2004（3）：17-18. DOI：10.16768/j. issn. 1004-874x. 2004. 03. 010.

[52] 梁敏妍，黄翠银，张羽，等．广东仁化县与广西容县沙田柚气候生态适应性比较 [J]．南方农业学报，2019，50（11）：2496-2503.

[53] 涂方旭，李艳兰，苏志．对广西沙田柚气候区划的探讨 [J]．广西园艺，2002（6）：18-21.

[54] 许曦戈，黄颛，汪庆南，等．梅州沙田柚贮藏期品质变化及动力学模型预测 [J]．食品工业，2018，39（3）：189-192.

[55] 黄振前，贺申魁，廖奎富．沙田柚丰产稳产栽培技术 [J]．南方园艺，2018，29（4）：41-42.

[56] 曾宪录，林文健，吴广霞等．沙田柚感官品质的定量描述分析研究 [J]．广东农业科学，2019，46（6）：23-29. DOI：10.16768/j. issn. 1004-874X. 2019. 06. 004.

[57] 何优选，梁奇峰．高效液相色谱法测定梅县沙田柚果肉中维生素 C 的含量 [J]．光谱实验室，2010，27（4）：1290-1293.

[58] 黄春霞，刘萍，邓光宙等．采用高效液相色谱法测定沙田柚果实主要苦味物质的研究 [J]．中国南方果树，2014，43（6）：57-59. DOI：10.13938/j. issn. 1007-1431. 2014. 06. 017.

[59] 丘秀珍．沙田柚果肉提取物指纹图谱的研究 [J]．韶关学院学报，2009，30（6）：61-64.

[60] 臧燕燕，张明霞，刘国杰，等．不同品种中国柚果皮中挥发性物质的组成及质量分数比较 [J]．中国农业大学学报，2011，16（6）：52-57.

[61] 吕汉清，况伟，安逸民，等．基于气相色谱—离子迁移谱法构建不同产地沙田柚挥发性物质指纹图谱 [J]．食品安全质量检测学报，2022，13（21）：6836-6843.

[62] 郭畅，傅曼琴，徐玉娟，等．沙田柚皮精油分子蒸馏分离及成分分析 [J]．现代食品科技，2018，34（6）：260-266. DOI：10.13982/j. mfst. 1673-9078. 2018. 6. 036.

[63] E, Arena, N, et al. Comparison ofodour active compounds detected by gas-chromatography - olfactometry between hand-squeezed juices from different orange varietie [J]. Food Chemistry, 2006，98（1）：59-63.

[64] 艾沙江·买买提，李宁，刘国杰．不同产地沙田柚果肉挥发性物质的研究 [J]．中国南方果树，

2014，43（4）：68-71. DOI：10.13938/j. issn. 1007-1431. 2014. 04. 003.

[65] 洪鹏，陈峰，杨远帆，等. 三种柚子精油的香味特征及挥发性成分［J］. 现代食品科技，2014，30（10）：274-281. DOI：10.13982/j. mfst. 1673-9078. 2014. 10. 046.

[66] 李俭，钟八莲，姚锋先，等. 顶空气相色谱—质谱法分析3种柚子果皮精油成分［J］. 食品研究与开发，2020，41（24）：173-180.

[67] 陈婷婷. 柑橘果实香气活性物质的确定及香气品质评价模型的建立［D］. 重庆：西南大学，2018：1-139.

[68] 闫新焕，谭梦男，孟晓萌，等. 基于多元统计分析的干制方式对红枣片香气成分的影响［J］. 中国果菜，2020，40（7）：51-57. DOI：10.19590/j. cnki. 1008-1038. 2020. 07. 012.

[69] 彭帮柱，岳田利，袁亚宏，等. 基于NIRS的苹果酒特征香气生成动力学模型［J］. 农业机械学报，2013，44（4）：179-183.

[70] Wei X，Song M，Chen C，et al. Juice volatile composition differences between Valencia orange and its mutant Rohde Red Valencia are associated with carotenoid profile differences［J］. Food Chemistry，2017，245（apr. 15）：223-232.

[71] 宋诗清，童彦尊，冯涛，等. 金佛手香气物质的多维分析及其特征香气物质的确定［J］. 食品科学，2017，38（24）：94-100.

[72] 郝丽宁，陈书霞，刘拉平，等. 不同基因型黄瓜果实香气组成的主成分分析和聚类分析［J］. 西北农业学报，2013，22（5）：101-108.

[73] 岳田利，彭帮柱，袁亚宏，等. 基于主成分分析法的苹果酒香气质量评价模型的构建［J］. 农业工程学报，2007（6）：223-227.

[74] 赵华武，贺帆，李祖良，等. 基于主成分分析法的烤烟香气品质评价模型构建［J］. 西北农业学报，2012，21（2）：88-93.

[75] 郭丽，蔡良绥，林智，等. 基于主成分分析法的白茶香气质量评价模型构建［J］. 热带作物学报，2010，31（9）：1606-1610.

[76] 侯彦林，等. 农业地理信息学［M］. 北京：中国农业大学出版社，2022：66-102.